儿童行为心理学

（完全图解版）

蔡万刚◎编著

中国纺织出版社有限公司

内 容 提 要

有时，孩子的行为莫名其妙？但其实每个行为背后都潜藏着孩子真实的心理需要。有时候父母可以蹲下来，试着从孩子的视角去看待这个世界，你会发现孩子的需求其实很简单。

本书通过孩子的肢体行为、语言行为、学习行为、社交行为等日常行为，以生活中常见的教育问题为案例，佐以科学理论的分析及指导，深入浅出地阐述了儿童行为的心理秘密。

图书在版编目（CIP）数据

儿童行为心理学：完全图解版 / 蔡万刚编著.--
北京：中国纺织出版社有限公司，2021.6
ISBN 978-7-5180-8516-3

Ⅰ．①儿… Ⅱ．①蔡… Ⅲ．①儿童心理学—通俗读物
Ⅳ．①B844.1-49

中国版本图书馆CIP数据核字（2021）第073871号

责任编辑：张 羽　　责任校对：王蕙莹　　责任印制：储志伟

中国纺织出版社有限公司出版发行
地址：北京市朝阳区百子湾东里A407号楼　邮政编码：100124
销售电话：010—67004422　传真：010—87155801
http://www.c-textilep.com
中国纺织出版社天猫旗舰店
官方微博 http://weibo.com/2119887771
三河市延风印装有限公司印刷　各地新华书店经销
2021年6月第1版第1次印刷
开本：880×1230　1/32　印张：6
字数：80千字　定价：39.80元

凡购本书，如有缺页、倒页、脱页，由本社图书营销中心调换

生活中，一些孩子的行为令许多父母感到异常困惑，比如莫名哭闹、"人来疯"、喜欢扔东西、喜欢打人等，尽管这些行为看起来再普通不过，却令父母感到头疼。通常父母会采取哄、奖励、惩罚等方式来处理这类问题，让孩子回归平静，但这只是暂时的，过不了多久，孩子就故态复萌。这究竟是怎么回事呢？

父母认为，孩子有着难以想象和理解的行为表现。其实，孩子和成年人的思维方式有着十分明显的差异，如果父母习惯以成年人的思维方式去看待孩子的行为，那么，父母对孩子的一些行为是无法解读的。父母面对着孩子各种各样的言行，是否想过如何寻找孩子行为的合理解释？又如何从孩子的言行中辨别出他们真实的心理需要呢？

若想读懂孩子的行为模式，就需要深谙儿童行为心理学，了解孩子的思维方式。比如孩子习惯从自己的观点和立场去认识事物，而不能从客观的、他人的角度认识事物，所以有点以自我为中心；孩子有时会有一种把没有生命的物体看作有生命的认识倾向；孩子有时只是按照具体字面意思理解字词；孩子喜欢哭闹，其实是因为内心缺乏安全感……透过这些行为密码，父母仔细分析可以判断出孩子的真实心理需求。

父母的教育，是从深谙孩子的心理需要开始的。而心理需要是所有言行的基本动力，也是促发其行为活动的内在动力。孩子的发展是在天性的基础上展开的，更倾向于遵循自身内在的发展逻辑性和规律性。通过孩子在各个阶段呈现出来的各种行为，父母可以了解孩子多层次、多样性的心理需要，比如，空间的需要、直觉动作的需要、宣泄的需要、依恋的需要、秩序的需要。

通过学习儿童行为心理学，我们可以明白其实孩子的需要都是合理的，父母可以通过观察、研究孩子的言行来辨别孩子行为背后真实的需要，理解孩子的需要，给予孩子最丰沛的心灵滋养。这大概是教育的最终目的，也是儿童行为心理学的终极目标。

有时候，孩子的行为虽然看起来不可理喻，但只要了解儿童行为心理学，父母就会发现孩子只是用他们的思维方式构建着自己的小世界，等父母走进这个世界，便会发现这个世界是那么绚丽缤纷又是那么标新立异。

编著者

2020年11月

目 录

第 01 章

通过日常行为，解码孩子真实心理

心理学认为，人是一种与周围环境经常相互作用的积极的个体，是行动的客体，同时也是行动的主体。孩子有很多日常行为，比如攀比、撒娇、说脏话等，每种行为后面都有和成年人不太一样的原因，而父母则需要解开背后的密码。

孩子喜欢跟别人攀比

孩子们攀比的内容各式各样，可能比谁有好吃的、谁的玩具高级，还可能比交际能力，比如谁的朋友更多。对于那些一味提出物质要求的孩子，父母应积极引导，帮助其建立更强大的内心。因为那些不够有力量的孩子，往往不自信，容易因一两件小事情而自卑，从而希望在攀比中获得自信。

当然，有时候孩子内心不够有力量可能源于父母。有的父母本身很要强或是家中经济不太宽裕，担心自己的孩子受欺负，让人看不起，当孩子说同学也有什么东西的时候，父母便会迫不及待地也给孩子买同样的东西。即便自己再苦再累也在所不惜，这是导致孩子产生攀比心理的一个重要原因。

晓月在学校里喜欢跟其他小朋友攀比，同学的妈妈给同学买的小洋装很漂亮，还是从国外带回来的，晓月回到家也哭着闹着央求妈妈买一套，妈妈没办法，带着她去商场选了一件，第二天晓月就穿去向其他同学炫耀。

不久晓月又看到其他同学用iPad，回去和妈妈发脾气说：“同学的妈妈给他买了个iPad，很酷很好玩，你为什么不给我买一个？”妈妈好言相劝：“那个太贵了，你要来也没用，别闹了！"晓月马上开始哭闹："不行不行，我就要！"妈妈失去耐心了："你这孩子怎么回事？不好好学习，就知道买这买那，那个MP3才买了几天啊？"晓月一赌气，转身不理妈妈就跑了。

孩子上学之后，接触的小朋友越来越多，有的孩子喜欢攀比，慢慢地也会导致自家孩子产生一些攀比心理。父母不要觉得自己的孩子变坏了，只要父母慢慢引导，孩子就会正视这种不健康的心态，从而消除这种不健康的心理。

孩子为什么会产生攀比心理呢？

心理学家分析，随着生活水平的不断提高，越来越多的人开始重视穿着打扮，许多人都以新奇时髦、名牌服饰为美，许多广告都在宣扬物质享受，在这样的环境下，孩子自然会产生攀比心理。有的孩子性格较为敏感，当周围的同学吃、穿、用等方面都比自己强时，即便自己本身比较优秀，也还是担心会受到同学们的嘲笑，缺乏自信心，所以想靠一些表面的东西来弥补。

小贴士

父母们该如何对待孩子的攀比心理呢？

1.避免采用武断的方法

小孩子的攀比心理比较常见，当孩子提出要求，父母不要小题大做，需要耐心听听他们到底在想什么。孩子天真幼稚的天性为攀比提供了心理基础，因为他们不太了解人的需要和满足是要受一定条件制约的。充满好奇心的孩子往往想模仿同

学或社会偶像，从而向家长提出各种要求，如别人有了什么东西，自己也想要。这时父母切忌对孩子说："不行，不能买，要听话。"武断地制止孩子，会让孩子担心被批评，而越来越不敢说真话，变得谨小慎微，父母就会失去一个了解孩子的机会。

2.不要因为孩子攀比而否定他

其实，每个人都有或多或少的攀比心理，只是成年人可以控制自己的一些贪念。当孩子出现攀比心理时，父母别轻易否定孩子的本质，不要一棒子把孩子"打死"，让孩子一下子失去信心。既然出了问题，那就需要正视这个问题，不要夸大问题。

3.别对孩子太严格

有的孩子看着别人吃东西自己也想要，看别人穿着漂亮的鞋子自己也想穿，这些都不算是攀比，而是孩子遇到喜欢的东西想拥有而已。父母能满足就满足一下，不过这仅限于偶尔为之，每次都这样是不行的。

4.和孩子聊天

父母可以与孩子讲道理，可以通过一些故事，比如小熊觉得自己的爸爸不够好，去找别人的爸爸当爸爸，最后才发现原来还是自己的爸爸最好，和孩子讲一下，别人有的虽然自己没有，但是自己有的别人也没有，任何人都是不一样的，没有必要变成和别人一样。

5.避免成为爱慕虚荣的父母

孩子的攀比通常是和父母的爱慕虚荣联系在一起的，假如父母表现得非常爱慕虚荣，那孩子也会容易出现攀比的病态心理。父母假如心态很平和，那孩子也会受到感染。因此，父母不应该把孩子当作自己炫耀的资本。

6.引导孩子将攀比化为动力

实际上，孩子与别人攀比，说明孩子当时的心里有竞争倾向，想达到别人同样的水平或超越别人。假如父母可以抓住这种心理，让孩子在学习、才能、意志力等方面进行攀比，正确引导孩子发奋努力，孩子的心理就能往健康的方向发展。父母可以将攀比转化为动力，让孩子想办法实现自己的需要，以培养孩子形成独立、自主等良好品质。此外，父母可以引导孩子了解更多的知识，比如文学、历史、地理等，一旦孩子关注点转移了，就不会想到要和别人攀比了。

孩子喜欢说脏话

儿童语言教育中出现的偏差与失误，是生活中的一个不和谐的因素，这该如何解决，让父母苦恼不已。孩子是在犯错误中长大，这无疑是一句至理名言。不过关键问题在于，当面对孩子的错误或问题时，父母应该怎么办？毫无疑问，解决任何问题都需要弄清原因才好对症下药。

孩子为什么会喜欢说脏话呢？

心理学家认为，幼儿期是语言、动作快速发展的时期，而

孩子的语言和动作主要是通过模仿获得的。孩子知识经验少，分辨是非、好坏的能力较差，当听到别人说脏话，看到电视里的反面人物的奇怪模样时，他们并不理解那些脏话的意思，只是觉得新鲜、好玩，所以便会模仿起来。同时，父母是孩子最亲近的人，他们是孩子语言学习的榜样。假如父母不注意自己的言行举止，常常说脏话、喜欢骂人，那孩子肯定会受影响。

有的父母比较忙，没有时间和孩子一起玩游戏、聊天或给孩子讲故事，只是埋头做自己的事情。孩子觉得受到冷落，于是就会冲着父母做个"鬼脸"或说句脏话，目的就是引起父母的注意。这时父母如果放下手里的活，来处理孩子的行为问题，那孩子就会感到很满足，在他们看来，父母放下手里的活能和自己一起交谈，专门注意他的行为，这会令他们感到满足。

有的父母过于敏感。当孩子无意地说一句脏话或模仿反派角色的怪样时，假如父母大惊小怪，或觉得逗趣，哈哈大笑，然后在笑声中严厉制止，这会引起孩子的"有意注意"，出于探索，他们便会再次重复。假如父母生气或付之无可奈何的一笑，便会给孩子莫大的鼓励，无意中强化了孩子讲脏话或做怪样的行为。

小贴士

面对孩子讲脏话，父母应该怎么办呢？

1.提醒孩子不要讲脏话

假如两岁大的孩子好像总有一两句脏话不离口，那父母就需要说说他了，不过关键是态度平和，不要过于激动或愤怒。否则，每次父母生气，都等于在提醒孩子：他的本领有多大，能让你快速注意他。当孩子说一些不好的词或脏话时，父母只要用平静且平淡的口气清楚地告诉他，这些话是不允许说的，比如："那种话不可以在家里或对其他人说。"

2.用好玩的话代替脏话

假如孩子只是试试新词语，那父母可以说服他用另外一种令人激动的说法来代替。假如他是由于和许多成年人一样，没有合适的替代词来表达强烈的愤怒或沮丧才说脏话的，鼓励孩子大声说"我生气了""我很烦"也许有帮助。不过，假如孩子被警告了一两次之后还要说脏话，那就该好好管教了，父母要保持冷静，警告孩子："你说了那个词，必须受到惩罚。"

3.没有反应才是最好的反应

孩子第一次说脏话时，父母一定要控制自己想要大笑的冲动，那样孩子势必不会把这当作正面的鼓励而重蹈覆辙。在几乎所有的情况下，孩子都是在试探：这是我听过的话，那人说时看起来比较激动，如果我说出来，父母会是什么样的反应呢？让父母发笑、生气或不安是孩子想拥有的一种强大力量。所以，听到孩子第一次说脏话时，不要把惊讶或愤怒表现出来，没有反应才是最好的反应。

4.教孩子学会尊重

假如父母让孩子觉得给其他小朋友起孩子式的外号没有关

系，那你就完全错了。脏话会让孩子在幼儿园、游乐园和朋友家里陷入麻烦，所以父母需要向孩子解释骂人会让人伤心，即便其他孩子都这么说，这样做也是不对的。骂人和让人伤心都是不可以的，尽管孩子可能还在学习体会别人的感情，或许不能每次都记得先考虑别人，但依然需要知道自己什么时候是在伤害别人，即便自己不是故意的。

5.父母要注意自身的言行

假如你的孩子每天都听到脏话，他就会很难相信那些话是不能说的。他也会很奇怪为什么规则只针对自己而不针对父母。父母应该把孩子想成是一块海绵，他会吸收自己从周围听到和看到的，并渴望和其他人分享自己所学到的东西，不论那是好的，还是坏的。

6.小小的惩罚

假如孩子是因为想要什么东西而讲脏话，一定不要让孩子得到他想要的东西。即便你指明："说那样的话很不好"，也不能把他想要的东西给他。

孩子做事拖沓

现代孩子所受到的溺爱是非常严重的，不管孩子做什么事情，都有父母帮忙。尽管父母心疼孩子，总是希望能够给孩子最宽松的环境，让孩子没有压力地生活。但在父母全权操办的情况下，孩子会越来越依赖父母，遇到任何事情，第一时间想到的也是让父母去做，假如非要自己解决的时候，他们就会采用拖拉的方式。

林妈妈很是苦恼："我简直受不了我的女儿了！她是不是有什么毛病啊，干什么事情都是磨磨蹭蹭的，原本半小时就能写完的作业，她磨蹭两个小时都写不完，我在旁边看着，真是要抓狂了！"

林妈妈9岁的女儿每天放学回家后，并没有疯跑出去玩，而是乖乖坐在学习桌前，掏出作业本，摆出一副学习的架势。不过没写几个字之后，就跑去喝水，刚坐下，又叫着要吃东西，一会儿又摆弄橡皮，忙活了半天，作业却没写完。

刚开始林妈妈还会耐心纠正，后来一着急，就开始打骂了。女儿依旧写作业拖拉，林妈妈无奈，带着孩子找心理医生咨询。

大多数父母都会面临一个很烦恼的问题，那就是孩子做事拖拖拉拉，一件事要说很多遍，孩子才会去做，或者说好几遍还是无动于衷。孩子做事拖拉的原因是什么呢？

当然，有的孩子拖拉并不是故意的，而是对所要做的事情不熟悉，他们害怕，试图通过拖拉的方式来逃避，像类似于写作业、穿衣服、使用筷子等，都容易让孩子产生抗拒。而且，孩子毕竟是孩子，不会像成年人一样有很强的时间观念。

他们在乎的是可以多玩耍一天。由于模糊的时间观念，他们是不会明白"今天的事情必须完成，明天还有明天的事情"的道理的。

再者，心理学家也指出，孩子不容易控制自己的注意力，吃饭时看电视，就边吃饭边看电视；做作业时听到外面有动静，就会跑出去看看；本来想去刷牙，结果看见小猫过来了，就会逗逗小猫。这些问题很容易造成孩子做事拖拉，因此父母要注意随时提醒孩子，把孩子从其他的事情中拉回来。

不过，也有的孩子天生性格安静，做事缓慢，不管遇到什么事情，就是紧张不起来，做事情慢条斯理。眼看时间一点点过去，孩子还是慢吞吞的。父母急死了，孩子却一点也不着急。

尽管孩子做事拖拉的原因有很多，不过父母总是要想办法解决这个问题。

小贴士

1.规定任务，规定时间

父母可以准备一些简单的问题，规定时间，看在单位时间内孩子可以解决多少问题，督促孩子提高效率。父母在训练孩子时要下意识地记在心里，然后让孩子争取尽快完成。比如，可以让孩子先试着1分钟写汉字训练和1分钟写数字训练，看孩子1分钟之内到底可写多少汉字和数字，记下来，然后与孩子平时做作业的速度进行对比，让孩子体会到时间的宝贵。

2.给孩子自由支配的时间

许多父母喜欢在孩子做完作业后，另外给孩子布置一些任务，为孩子将日程表安排得相当充分。这时孩子就会看出其中的端倪，就是一有空儿，父母就会布置新的任务。所以孩子的对策是拖延完成任务的时间，在做事的时候边做边玩，这样就既达到了玩的目的，又拖延了时间。因此，父母应该给孩子可以自由支配的时间，事先估计一下孩子完成任务需要多久，其余的时间可以让孩子休息。

3.完成任务就有奖赏

父母可以从日常生活中要求他，如给孩子安排一个任务，规定他在什么时间一定要完成，假如完成了给予什么奖励，相反给予处罚。父母布置任务的时候，要记录自己给他交代任务的具体时间，假如孩子完成了，你就要遵守自己的诺言，反之，父母一样要遵守自己的诺言，这样才能树立自己的威信。

4.以身作则

父母首先要以身作则，自己做事的时候避免有拖拉的坏习惯。否则你在教育孩子时自己都不能理直气壮，孩子又怎么会听你的教诲呢？父母需要在平时生活中做事有计划，有效率，否则你留给孩子的印象就是拖拉的父母。

5.给孩子制订作息表

父母可以给孩子制订规划表，如早上7点到7点10分起床，

穿好衣服，刷牙。7点15分到7点30分吃早餐。将孩子一天应该做的事情都规定好，让他去完成，不完成给予处罚，这样孩子就会自动自发地去做了。

孩子总喜欢说谎

蒙台梭利认为，孩子说谎的最主要原因是孩子的心理畸变。她通过对孩子生活习性的观察发现，在一个陌生的环境中，孩子不能自由地实现自己原有的发展计划，就有可能导致心理畸变的发生，自然而然，孩子学会了说谎。

孩子喜欢撒谎，这是一种普遍存在的心理现象，甚至有心理学家认为，孩子先天具有欺骗和说谎的能力，任何年龄阶段的人，甚至包括刚刚出生的婴儿，也拥有一些天生的了解别人心理的能力。

李女士的女儿今年8岁了。李女士把全部心思都放在女儿身上，关心孩子的生活、成长和学习，关心孩子的喜怒哀乐。不过她实在没有想到，孩子竟然开始对自己说谎了。

女儿不想去上学，希望待在家里，有姥姥陪着，觉得这样比在学校里和同学们待在一起舒服多了。有一天晚上，爸爸的肚子疼，姥姥和妈妈都劝爸爸第二天别去上班了，好好在家里歇着。这样一来，女儿就觉得生病好，可以不去学校。于是她就开始撒谎了，今天跟李女士说这里不舒服，过两天又跟李女士说那里不舒服。刚开始李女士还真担心孩子是哪里不舒服，就让女儿待在家里。但慢慢李女士发现，女儿是在装病，而目的就是为了不去学校。

既然孩子说谎是心理发展过程中的正常现象，父母就应该因势利导，在不扼杀孩子想象力的前提下，鼓励孩子说实话，这对于孩子心理的发展是非常重要的。而且，并不是所有的谎言都应该批评和反对。很多时候，孩子的谎言是善意的，并不会给别人带来伤害，因此父母善于分辨孩子撒谎的原因。

由于一些父母经常以打骂等惩罚手段来对待孩子的错误，为了避免被惩罚，一些孩子就会采用撒谎的方式，这时孩子说谎就是父母不让他们说真话。有时候孩子被父母哄骗之后心态发生改变，孩子的感情体验不管是积极的、消极的，或是矛盾的，都不应该鼓励他按照父母的意愿来说，而应该按照孩子自己的体验去说。

有时候父母所谓的权宜之计往往会成为孩子说谎的样板，比如有人敲门找爸爸，爸爸不愿见，就叫孩子告诉找他的人说"爸爸不在家"。或者，孩子由于判断不准，把心里想的当作事实说出来，说出自己对现实中不存在的东西的一种想象，比如"我爸爸有一把手枪"，这种谎言说出了孩子希望的事实和渴望的场景。

 小贴士

1.了解孩子喜欢说谎的动机

假如孩子到了能够分辨是非的年龄依然在说谎，那父母应该找出原因。有的孩子是为了免受处罚而撒谎，他们往往会觉得自己说了真话反而会被惩罚；有的孩子则是出于无奈，在父母的逼迫之下选择撒谎；有的孩子为了讨父母欢心，为了不让父母生气，他们最本能的反应就是不承认自己做过的错事。

2.正确对待孩子的谎言

在面对喜欢幻想的孩子时，父母所扮演的角色是很重要的，父母不应该阻止孩子发挥他的想象力，而是要帮助孩子分辨什么是现实、什么是幻想。孩子的想象转化成谎言，有时仅是一步之遥，因此，父母需要正确引导孩子。孩子拥有想象力是天性，不过假如父母对孩子的想象力一味地赞许，那就有可能让孩子的想象转化为谎言。假如父母一味地反对孩子的想象力，又会扼杀孩子的智力发育。因此，父母需要调整教育方法，循循善诱地纠正孩子不好的习惯。

3.树立良好的榜样

对喜欢说谎的孩子，威胁或强迫他承认自己的谎言都不是正确的办法。父母最好可以用一定的时间，冷静、严肃地与孩子谈谈。孩子承认错误之后，父母一定要称赞孩子诚实的表现，要这样说"我虽然不满意你做错了事情，但幸好你说出了真相，我很欣赏你的诚实"。父母是孩子的启蒙老师，其言行将影响着孩子的成长。因此，父母不要在孩子面前撒谎，即便是善意的谎言，也要杜绝。父母要做到不论对人对事都真心诚意，这样孩子才能坦诚做人。

4.减少孩子的心理压力

父母对孩子过高的期望，会给孩子增加压力，从而导致孩子说谎。所以父母对孩子的期望值要合理，不要奢望他们做出超出自身能力的事情。父母要以宽容之心对待孩子，经常与孩子交流，消除孩子的心理障碍，成为孩子的知心朋友。

孩子老是喜欢搞破坏

当孩子开始接触外界的一切，对于自己遇到的事情，他都会用手摸一摸，用嘴尝一尝，用鼻子闻一闻，偶尔也会把东西摔坏，来看看它会产生什么样的反应。假如孩子正处于这样一个阶段，父母可以把家里贵重的东西藏好，给孩子一些安全的家用物品，或是买些耐摔的玩具。这时父母可以慢慢引导孩子了解什么东西可以碰，什么东西不可以碰。

实际上，对于喜欢搞破坏的孩子而言，他们的心理是复杂的，有很多种类型，父母需要耐心、用心地去发现，而不是一棍子打死所有的"破坏"行为，不能轻易地以打骂来应对孩子

的破坏。

　　孩子四岁多了，最近总是喜欢将别人的东西毁坏。前一天，他将爸爸放在桌子上的书稿全部用笔涂花了。昨天又将他小哥哥的作业给撕了，搞得小哥哥大哭，结果他却表现出一副无辜的样子。

　　今天回到家，妈妈看见小机器人的零件散落在客厅里，桌上的电话机被拔掉了线，台灯罩也掉到了地上……不用说，又是这孩子干的好事。虽然他才4岁，不过已经越来越让人不知道如何是好了。平时孩子可一点也不笨，他说话早，走路早，动手也早，不过他的动手能力也太强了，只要是被他玩过的东西就难逃被"肢解"的厄运。这该怎么办呢？

　　孩子的这种情形就是心理学家所说的儿童破坏行为，孩子有这样的行为，父母大可不必紧张，我们可以与儿童心理学家一起认识孩子的这种行为。心理学家认为，把自己感兴趣的东西拆开，是孩子学习探索的一种表现。他们不是故意去破坏一个东西，而是因为他对这个东西感兴趣，想看看里面到底有什么东西。比如，有的孩子喜欢把玩具拆开，去看看车子为什么会动，里面到底有什么东西。这时孩子是沉浸在自己喜欢的事物里面，并努力通过自己的双手寻找答案。

　　还有的孩子会以摔东西来表示"我生气了"，他们在发脾气时希望得到关爱，因为他们需要确认"我还是爸爸妈妈的宝贝"。孩子的心理韧性是有限的，让他承受过多的拒绝，对他而言是极其困难的。于是，发脾气摔东西成为他们表达失望的方式，在这样的情况下，父母需要保持冷静。

而有的孩子摔了东西，不过是好心办了坏事。孩子的出发点是好的，不过由于经验不足或能力有限，结果事与愿违。比如，有的孩子见金鱼缸结了薄冰，怕金鱼冻死，就把金鱼捞起来包在手帕里，结果金鱼反而死了。若是这样的情况，父母要肯定孩子的想法是好的，接着告诉孩子失败的原因，告诉他们自己不懂的事情先要请教父母，自己力不能及的事情长大了再去做。

♥ 小贴士

1.保持宽容心态

父母首先对孩子要有宽容的心态，因为破坏的过程就是孩子学习的过程。不要严厉批评孩子，也千万不要说"不许再把玩具拆了，不然明天不给你买新玩具了"等警告和威胁的话，有时候父母的批评和威胁很可能会扼杀孩子可贵的探索精神。

2.参与到"破坏"活动中来

父母应尽量参与到孩子"破坏"的过程中。这是一个手、眼都在活动的过程，可以促进他们思维的发展。鼓励孩子适当地进行"破坏"，就是培养孩子的创造力，以及对更多事物的探索兴趣。当父母看到孩子正在拆玩具，应蹲下来参与到

孩子的活动中"这里面是什么呢？怎么会动呢？"……引导、帮助孩子一起寻找结果，然后再跟孩子一起把拆开的玩具组装起来。

3.引导孩子思考

在日常生活中，父母要多提一些问题让孩子去猜、去想，比如闹钟为什么会响呢？为什么会嘀嘀嗒嗒的呢？假如把闹钟的针取掉了，那它还会走吗？还会响吗？父母需要做的就是提出问题后，主动带领孩子从"破坏"中寻找答案。

4.让孩子当修理工

假如孩子好奇地想知道各种现象发生的原因，总想搞清楚不停转动的闹钟里面装了什么？电视里是否真的有个会说话的小孩子？那当爸爸在修理家中这些东西的时候，不妨让孩子观摩，必要时也可参与到其中。爸爸可以当着孩子的面拆卸家中废弃的东西，没有危险性的动手部分则让孩子来动手。

5.让孩子自己收拾残局

假如孩子是无心造成的过失，那父母可以在他力所能及的范围内让他为自己的行为负责。比如杯子打翻了，就让孩子用抹布去擦干桌子，玻璃瓶打破了，就让他帮忙拿来扫帚和簸箕，不要胡乱责备孩子，毕竟孩子不是故意的。

6.与孩子多交流

小孩子通常会有无穷的精力，孩子善于"破坏"的背后很可能隐藏着一颗渴望探索的心。父母应该为其提供一个良好的活动空间，尤其是那些独生子女，让孩子多和邻居的同伴玩耍，休息时多参加集体活动。父母要经常与孩子沟通，了解孩子最近有什么烦恼，或有什么需要。

第 02 章

通过情绪行为，读懂孩子的情绪"晴雨表"

正性情绪与负性情绪在个体内部心理结构中处于动态平衡之中，就像一枚硬币的反正面一样，缺一不可。与成年人一样，当孩子遇到烦恼或不如意时表现会各不相同：有的会郁郁寡欢，有的会怒不可遏，有的会无理取闹。实际上这些都是很正常的，父母应该接纳孩子的负面情绪，因为这是孩子的一种表达情绪的方式。

消极情绪让孩子心理失衡

与成年人一样，孩子的情绪也有消极和积极之分。在孩子大约1岁时，他们的情绪就开始分化，两岁时出现各种基本情绪，也就是生气、恐惧、焦虑、悲伤等消极情绪和愉快、高兴、快乐等积极情绪。积极的情绪对孩子的身心发展可以起到促进作用，有助于发挥孩子内在的潜力，消极的情绪则可能让孩子心理失衡。

杨先生的儿子杨洋已经13岁了，他个性比较敏感，性格说不上是外向型还是内向型，比较恋旧，跟以前的老同学、好朋友分别时总会舍不得。四年级转学之后，杨洋总是想念过去的老同学，不喜欢与新同学交往，直到一年之后才渐渐融入新的班级。上了初一之后，他也总是念叨小学同学，认为初中同学比不上小学同学，似乎又要很长时间才能适应新环境。

后来杨先生发现儿子十分消极，很悲观，学习很懒散，对人生没有一种积极的世界观，经常流露出人总归是要死的，现在努力都没有用，不管自己现在怎么样，最后都是一样的结局的想法。杨先生经常听到儿子说："爸爸，我不想你们死，不想爷爷奶奶他们死，人如果永远不死就好了。"这样的情绪经常反复。就在跟儿子聊天中，儿子还说到人最终还是逃不过死亡，所以自己做什么都是无用的，什么金钱、名誉都是一场空，甚至说自己好像看到自己死了的时候的情景。杨洋在说到这些的时候，情绪十分低落，甚至掉泪了，说自己不想死。

小孩子动不动就喜欢说"不"，而且经常是你说什么他都会说"不"。心理学研究表明，这是孩子独特的表示自立的方式。孩子开始说"不"，是他形成自我认识的开端。而当生活里的某些事情或某些要求与其个体的兴趣、需要或愿望等不一致的时候，孩子就会产生消极情绪，诸如抵触、对抗、哭闹等。

对孩子而言，产生情绪是一件很正常的事情。当一个成年人发脾气的时候，旁边的人会安慰，或者会知趣地离开。但是，当一个孩子发脾气的时候，他受到的却是父母的斥责，甚至打骂，这其实是极不公平的。所以，一旦孩子有了消极情绪，父母需要做的是理解、帮助，而非责备、训斥。

小贴士

1.引导孩子倾诉心事

倾诉是一种合理的宣泄情绪的方式，父母可以引导孩子把自己在学习中遇到冲突或挫折时的感受告诉自己，同时给予孩子同情、理解、安慰和支持。孩子对父母有很大的依赖性，父母对孩子表现出的同情或宽慰会缓解甚至清除孩子的心理紧张和情绪不安。即便在孩子倾诉的内容不合理的情况下，父母也要耐心地听

下去，至少保持沉默，等孩子倾诉完之后，再与孩子讲道理。

2.理解孩子

在孩子生气的时候，父母可以用温和的语气开导孩子，让孩子知道父母了解他的感受。父母可以告诉孩子，生气时可以干什么，不能做什么，允许孩子以合适的方法宣泄情绪。在适当的时候，多给孩子讲一讲自己在人生的挫折和艰难困苦面前，是如何面对的，又是如何战胜困难、超越挫折的。毕竟孩子年龄比较小，很少经历创伤和挫折，因此，父母就是孩子的榜样。若是父母和孩子多聊这些话题，那势必会对孩子产生积极的影响。

3.创造和谐的家庭氛围

父母要善于创造和谐融洽、畅所欲言的家庭氛围，当孩子表达出自己的心理之后，父母要以探讨的形式来转变和提高孩子的认知，随时关注、指导孩子以积极的心态来排除心理障碍。在平时的生活中，父母在为人处世上保持乐观的态度，因为榜样作用往往是孩子乐观性格形成的重要因素。

4.善于发现孩子的优点

父母要善于发现孩子的优点，同时将这些优点与孩子熟悉或崇拜的先进人物、英雄人物的优点相比较，让孩子在内心认定自己与他们的性格一样，从而激励孩子在思想和行为上向他们学习。当孩子不断突出自己的优点，同时自我认可和肯定慢慢养成习惯之后，其消极的情况就会得到改善。

5.引导孩子转移注意力

转移注意力，是合理宣泄情绪的最佳途径。父母要让孩子学习在遇到冲突和挫折时，不要将注意力集中在引发冲突或挫折的情境之中，而应尽可能地摆脱这种情境，投入到自己感兴趣的活动中去。比如孩子在玩游戏中与其他孩子发生冲突，那可以让孩子到室外去踢一会儿足球，在剧烈的运动中将积累的情绪能量发泄出去。

6.引导孩子宣泄消极情绪

心理学家认为，孩子在生活中产生的消极情绪，应以合适的渠道发泄出去。情绪一旦产生，宜疏导而非堵塞。当孩子遭遇难过的事情时，宣泄出来，可以减轻精神上的压力。所以，在现实生活中，当孩子遇到挫折或感到不愉快的时候，父母可以让孩子不受压抑地通过言语或非语言的方式表达自己的情绪，这样可以减轻孩子心理上的压力。

7.帮助孩子提高抗挫折能力

父母可以告诉孩子，生活中并不是每件事都会让自己满意，一个人总是会遇到这样或那样的挫折，生气和难过都是没有用的，有时，我们需要有意识地控制自己的情绪，保持冷静。父母可以通过带孩子旅游、登山，丰富孩子的精神世界，锻炼孩子的毅力，尽可能帮助孩子养成坚毅、开朗的性格。

孩子会觉得莫名害怕

心理专家认为，幼儿期是培养孩子独立性的关键时期。父母需要给孩子准备一个独立的房间，起初可以在孩子睡前陪伴孩子，告诉孩子自己会在他身边陪着，用手抚摸孩子给予安慰，等孩子睡着之后，父母可以离开。等到第二天孩子醒来，父母可以表扬孩子："一个人乖乖睡着了，宝贝真棒！"以此强化孩子独立的能力与意识。孩子在自己独立的房间睡觉，需要独立面对黑暗，在这个过程中，孩子要学会自己处理恐惧等负面情绪，这意味着孩子开始独立了。假如父母为了让孩子不害怕，总是无微不至地关怀，那孩子就容易产生"黑暗恐惧症"。

张女士一度很苦恼，因为10岁的女儿月月在日记本上写了这样一句话："每到晚上，我就开始害怕，卧室的灯熄了，爸妈都已经睡了，只有我一个人怎么也睡不着，我只能躲在被窝里，不敢把头伸出来。"

女儿月月正在读小学四年级，她很怕黑，从很小的时候就开始了，有时她甚至会要求跟爸妈同住一个房间。而且总是开着灯睡觉，偶尔关灯也是爸妈看着她睡了才关上的。张女士觉得女儿胆子太小了，于是有意识地锻炼她，如规定她上床之后关灯睡觉。然而，这对月月而言却是一件极其恐怖的事情，她告诉妈妈自己会感觉到身边有些可怕的东西存在着，比如鬼怪之类的。几乎每天晚上她都会从噩梦中惊醒，哭着找妈妈。对此，张女士非常担忧，不知道该怎么办。

心理学家认为，有许多孩子都很怕黑，因为黑暗会让他们联想到鬼。这种纯粹的害怕"鬼"的孩子，他们的生活实际上并不会受到严重干扰。在案例中，月月的症状表现为不正常的、极度的惧怕，而且严重影响正常生活，这些带有疾病性质的惧怕可以诊断为"黑暗恐惧症"。

患有恐惧症的孩子大多数比较胆小、独立性较差。根据张女士反映，月月在班上几乎没有什么朋友，独来独往，适应新环境的能力很差，这与父母的教育方法是相关联的。处于婴幼儿时期的孩子大部分会在黑暗中苦恼，让他们恐惧的不是黑暗本身，而是在黑暗中看不到自己亲近的人，视觉上的分离引发了孩子的不安全感体验，这实际上是一种对父母的依恋情结。

对此，心理专家建议：父母要意识到过度保护孩子，只会让孩子越来越胆小。因为父母的保护就是告诉孩子，一个人睡觉确实比较危险。恐惧症患者惧怕的事物本身是比较普通的，在一般人看来是不需要害怕的事物，不过因为父母无意识地提醒孩子避免这一情况的出现，结果反而强化了孩子焦虑、恐惧的情绪。

小贴士

1.避免诱使孩子将恐惧感隐藏在心里

不管孩子担心什么、害怕什么，父母应当告诉他们害怕是正常的心理现象。平时父母要多和孩子交谈，给孩子讲一些常识，这

是帮助孩子克服恐惧感的最佳方法。等到孩子明白道理，心境平和了，父母可以帮助孩子对可能发生的事情做好心理上的准备。

2.切勿对孩子说"胆小鬼"

孩子从3岁时开始对黑暗产生恐惧，假如这时父母骂孩子是胆小鬼，吓唬孩子不准哭，这将大大地误导孩子。父母应该向孩子说明事情的真相，在孩子看来令人恐惧的事物被父母一语点破，他自然会相信自己是安全的，内心的恐惧感也会随之消失。

3.避免让孩子接触鬼怪、恐怖故事和电影

当然，恐惧黑暗与听过鬼怪故事、恐怖片有一定的联系。父母需要注意，不要和孩子过多地谈论鬼怪的故事，也尽可能不要让孩子看恐怖片。假如孩子经常会想起鬼怪之类的事情，父母需要尽可能地让孩子在闲暇时间多参与有趣的互动式活动，培养孩子积极向上的兴趣爱好，引导孩子转移注意力。

4.鼓励孩子多接触黑暗的环境

对于患有黑暗恐惧症的孩子而言，父母应鼓励他们多接触黑暗的环境。刚开始父母可以与孩子一起尝试，直到孩子适应为止。在这个过程中，孩子如果感到害怕，父母可以建议孩子做深呼吸，或者鼓励孩子大声地叫出恐惧的感觉。然后让孩子独立地待在黑暗环境下直到适应，当然，这并非一蹴而就，父母可以按照孩子的情绪状况循序渐进，适时给予孩子鼓励与表扬。

5.及时询问孩子产生恐惧感的缘由

孩子一旦产生恐惧感，父母要考虑这是否与他的年龄相符

合。在平时生活中，父母要随时关心孩子思想感情的变化，以及恐惧持续的时间。孩子在恐惧时是否什么事情都不想做，不肯一个人去睡觉，不愿意去上学，甚至不敢离开父母？父母需要弄清楚，然后及时处理。

患了疑心病的孩子

疑心病就是孩子在交往过程中，总觉得其他什么事情都与自己有关，并对他人的言行进行猜疑，以证实自己的想法。疑心病是一种不健康的心理，具有疑心病的孩子，总是虚构一些因果关系去解释别人为什么会有这样的举止言谈，比如，有的孩子在看到附近的两个同学小声交谈，就认为是在议论自己。

疑心病根源于心理学上的暗示。暗示可以分为积极暗示和消极暗示：积极的暗示可以增强自信心，使人精神更加振奋；相反，消极的暗示可以使人忧心多虑，甚至疑神疑鬼。而疑心病则源于后者，似"无病疑病"，所以，这是一种不健康的心理，会影响到孩子们的生活和学习。

肖妈妈发现儿子小东患了疑心病，即使是"苹果是什么颜色"这样的问题也会让他感到十分紧张，不知所措，犹豫了半天，不知道怎么回答，只好说："我也不知道是什么颜色。"而且，平时家里扔垃圾的时候，小东总是一遍又一遍地检查垃

圾桶，他总担心有价值的东西留在了垃圾桶里，直到他决定扔掉垃圾时，还会不断地朝垃圾袋里张望，希望可以看到一些值钱的东西。

有段时间小东感冒了，还有一些腹泻。小东一直在诊所看病，打针、吃药，而他的感冒也时好时坏。因此，他总是怀疑自己得了什么重大的疾病，比如肿瘤什么的。他告诉妈妈自己呼吸困难，于是妈妈带他去医院做了胸透和心电图，结果一切正常。然而小东又怀疑医生是骗自己的，故意隐瞒自己的病情。

疑心病者，整天疑心重重、无中生有，孩子会认为每个人都是不可信、不可交的。比如，看见几个同学背着自己讲话，就怀疑他们是讲自己的坏话；老师有时候对他态度冷淡了一点，就觉得老师对自己有了不好的看法，或者怀疑有同学在老师面前说了自己的坏话；父母对自己稍有批评，就无端地怀疑父母是否不爱自己了，甚至延伸出"我难道不是爸妈亲生的"这样荒诞的想法。

疑心病的孩子特别留心他人对自己的态度，有可能只是对方简单的一句话，他都要琢磨半天，努力去发掘其中的"潜台词"。这样时间长了，孩子便不能轻松与他人交往，背上了沉重的心理包袱，影响到他的人际关系。而且，还有可能由怀疑别人发展到怀疑自己，最终变得自卑、消极、怯弱。对于身心正处在发展的青少年来说，疑心病不是他们该有的，它会威胁到孩子的心理健康。所以，父母一旦发现孩子有了疑心病的征兆之后，需要引导孩子，将这种病症抹杀在萌芽状态。

小贴士

1.引导孩子理性看待疑心病

当发现孩子开始怀疑别人的时候，应该帮助孩子及时找出产生疑心病的原因，在没有形成疑心病之前，瓦解怀疑心理。比如，孩子怀疑同桌偷了自己的钢笔，父母可以让孩子冷静地想一想，会不会是自己做完作业忘了带回家，或者在放学路上丢了。那么，这样一来，那些胡乱的猜疑就会被逐渐瓦解。让孩子逐渐明白，其实现实生活中的许多怀疑是可笑的，对此冷静地思考一番是很有必要的。

2.鼓励孩子主动与人沟通

事实上，怀疑是误会的升级版，当彼此之间的误会没有得到及时的解除，就会发展为猜疑；当猜疑不能及时消除，就会导致疑心病的加重。一旦发现孩子有了疑心病的征兆，父母可以鼓励孩子主动、及时地与怀疑对象开诚布公地沟通，弄清事情的真相，消除误会，消除疑心病。告诉孩子，如果是误会，通过沟通可以消除；如果是意见有了分歧，适当的沟通对双方也有好处；如果猜疑是真实的，双方经过心平气和的讨论，也可以有效地解决问题。

3.安慰孩子

有时候，孩子在学校遭到了同学的非议与流言，或者与同

学发生了误会，会引发孩子产生疑心病。这时父母要仔细观察孩子的情绪，及时安慰孩子，告诉他不要斤斤计较，因为计较得越多，疑心病就越重，给自己带来的烦恼就越多。假如孩子觉得自己遭到了同学的怀疑，父母可以安慰孩子没有必要为别人的闲言碎语所烦恼，不要在意对方的议论，这样孩子就会使自己从疑心病的烦恼中解脱出来。

4.培养孩子的自信心

父母应该引导孩子看到自己的优点与长处，逐渐培养其自信心，鼓励孩子处理好与他人的关系，给他人留下良好的印象。比如，鼓励孩子相信他们的言行在同学面前是无可挑剔的，鼓励孩子相信自己在老师面前是一位懂事乖巧的好学生，从而打破他虚构的因果关系。当孩子充满信心地投入到学习中去时，就不会担心自己的行为，也不会随便怀疑对方是否会挑剔、为难自己了。

孩子出现强迫症倾向

强迫症是日常生活中存在的一种强迫思维，表现为自己的行为不受自己的控制。孩子年龄越小，强迫症的症状表现就越明显，对孩子的影响就越大。通常情况下，儿童强迫症有这样一些特点：患儿明知不必要，却又没办法摆脱，具有反复呈现的观念、情绪或行为，越是努力抵制，越是感到紧张和痛苦。

孩子发育的早期，可能有轻度的强迫性行为。比如有的孩子走路时喜欢用手抚摸路边的电线杆，有的孩子走路时喜欢用脚踢小石头，有的孩子喜欢反复计算窗栏的数目，等等。不过，这些行为不伴有任何情绪障碍，且会随着年龄的增长而消失。

王女士一度很烦恼，接触过自己孩子的老师和朋友都反映这个孩子有点强迫症，当时王女士觉得不太可能，毕竟孩子太小了，长大了应该会好些，自己也没太在意。

后来，王女士发现孩子的症状有点令人担忧。有次半夜，孩子突然惊醒告诉她说："床上有虫子？"结果王女士花了半天时间寻找，床上根本没有虫子。"一定是孩子做梦了"，王女士想。于是王女士安慰孩子："妈妈昨天晒过被子了，把细菌都晒走了。"听到这样的话，孩子才安定下来。不过，之后的每一天孩子睡觉前都会问："妈妈，你今天有没有晒过被子？"王女士每次都回答："晒过了。"王女士想起来，估计哪一天孩子就会忘记问这个问题了。有一次，由于时间太晚孩子还不愿睡觉，王女士生气了，不理他，结果孩子问了十几遍，王女士依然没回答，孩子只好作罢。结果第二天早上，孩子醒来第一句话就是："妈妈，你昨天晒过被子了吗？"王女士瞬间被问晕了，难道孩子真的得了强迫症吗？

近些年来，有许多父母向心理学家咨询孩子的心理问题，比如上课时过于关注黑板以外的事物，无法集中精力听课，有

的孩子还会对书上的一些公式反复地想："它为什么会是这样的呢？"有的父母反映说孩子上学前会一遍一遍地检查书包长达半小时之久，不过许多父母并不知道孩子已经有了强迫症的倾向。

稍微严重的强迫症表现有：反复数天花板上吊灯的数目，反复数图书上人物的多少，强迫计算自己走了多少步等。有的孩子则会反复洗手，强迫自己反复检查门窗是否关好了，反复检查作业是否做对了，甚至睡觉前不断检查衣服鞋袜是否放得整整齐齐。有的孩子则会做出仪式性动作，比如要求自己上楼梯必须一步跨两级，走路必须一下走两步路。如果不让这些孩子重复这些动作，他们就会感到焦虑，甚至生气。不过，他们一直重复这些动作，并不会出现成年患者那样的焦虑，通常情况下，孩子对自己的强迫行为并不感到苦恼，只不过是呆板地重复这些行为而已。

父母应及早发现孩子的这些不正常行为，平时多注意观察孩子的行为举止，以防孩子的强迫行为越来越严重。

💙 小贴士

1.认知治疗

父母需要帮助孩子认识到头脑中这些担心是不合理的，不过这么长时间以来的恐惧已经深入到潜意识里，因此想要短时间内改变，是不太容易的。父母和孩子可以结成联盟，在父母的监督和引导下，共同从一点一滴的小习惯开始改变，结合行为疗法，改变旧习惯，建立新习惯。

2.信心疗法

父母需要给孩子树立信心，比如对于孩子考前焦虑症等轻度心理问题，父母可以告诉孩子考前每个人都会紧张，不只是你一个人心情焦虑，以此放松孩子的心情。当孩子丧失信心的时候，鼓励孩子，让其重新树立信心。

3.行为治疗

当孩子的强迫症发作的时候，父母可以促使其有意识地用手腕上的橡皮筋来弹自己，从而克制自己的强迫行为，通过外力的作用来阻止强迫症的发作。心理学家一般认为参与示范比被动示范的治疗效果更好一些。当然，在这个过程中，父母不仅是监督者，更是整个事情的参与者。

4.顺其自然

心理学家建议用"森田疗法"，这是治疗强迫症比较好的方法，所谓"顺其自然，为所当为，不治而治，事实为真"。孩子强迫症产生的根源就是"怕"，正因为存在各种恐惧，才会不断重复地去做某事，怕的时候要怎么应付，"顺其自然，为所当为"，即不要刻意去强化强迫症的观念，转移注意力，做应该做的事情，才能治愈强迫症。父母在这个过程中要做的就是不要刻意让强迫症孩子寻求改变，顺应其性情，等他确认自己所担心的事情根本不会出现的时候，强迫症的症状自然会减轻甚至消失。

5.给予孩子理解与关怀

当父母发现孩子有强迫症的时候，不要指责孩子，更不能说孩子胡思乱想。有的孩子在抄写课文的时候，抄着抄着就突然开始使劲地描一个字，即便把纸划破了，还是用力描。这时正确的方法应是分散孩子的注意力，比如问他今天星期几，这样孩子的注意力就被转移了，恢复了正常思维。不过有的父母不懂这些，一看见孩子发呆，就会指责孩子："你又在胡思乱想什么？"这样则会导致孩子心理负担越来越重，假如父母可以多理解、多关心孩子，那孩子的强迫症状就会慢慢减轻，直至消失。

孩子有孤独症是怎么回事

儿童孤独症又称儿童自闭症，与儿童感知、语言和思维、情感、动作以及社交等多个领域的心理活动有关，属于发育障碍。尽管不同的孤独症儿童会有不同的症状，不过主要表现为：说话较晚、反应迟钝、不合群、不懂得如何与人交往和沟通；有的孩子智力发育差、存在认知感知缺陷；有怪癖、兴趣范围狭窄、行为方式刻板僵硬、注意力涣散。有的孤独症孩子智力发展不平衡，他们对某一方面很敏感，比如音乐、绘画等，而在其他方面表现较差。不过，越是这些孩子，越容易被父母忽略。

李妈妈很烦恼，因为孩子豆豆患了孤独症。平时在家里，豆豆总是饶有兴趣地摆弄着手里的糖纸，对周围好像没有察觉，甚至连面前的水果和零食也不会令他心动。若是有阿姨问："宝贝，你几岁了？"问3遍豆豆几乎都没有什么反应，这时李妈妈对豆豆说："告诉阿姨你几岁了？"但豆豆的目光依然停留在那张糖纸上，他只会重复一遍妈妈的话："告诉阿姨你几岁了？"这时李妈妈说："对阿姨说我3岁半了。"豆豆也只是鹦鹉学舌地说了一句："对阿姨说我3岁半了。"

李妈妈介绍，豆豆只能说极少量的词和短语，几乎说不出一个完整的句子，经常重复别人的话。若是遇到有人跟他打招呼，多半不会回应；提醒他做什么，他就好像没听见似的；他经常会自言自语，说着一些不着边际的话语。他平时不喜欢和小朋友玩，即便给他找来几个同龄小朋友，他也会躲开他们，独自一个人在旁边发呆。任何新奇的玩具都难以引起他的注意，他只会把那些废弃的包装盒、纸、勺、碗等东西重复玩耍，动作刻板，平时容易烦躁，脾气大，睡眠也很少。

假如自己的孩子不幸遭遇孤独症，父母应该怎么办呢？是选择放弃、逃避、默默承受，还是理智、平和、坦然接受这一切呢？面对孤独症的孩子，父母不应强求什么，唯一能做的就是调整自身、按照他们自身的发育状况，用爱心、耐心帮助他们，协助他们最大限度地改善现状。

教育专家表示，对孤独症孩子的治疗和早期干预，离不开制定个性化的训练计划。由于孩子的症状、程度不一样，需要

的治疗方案也应有针对性，而父母需要承担教师的角色，通过"因材施教"和"家庭康复"帮助孩子战胜孤独症。

小贴士

1.对孩子进行感官和信息刺激训练

孤独症孩子对身边的信息通常是视而不见、听而不闻的，这源于他们大脑发育的偏差。父母可以适当地对孩子做一些感觉综合训练，诸如荡秋千、跳绳，这些简单的活动可以在家中进行，这对改善孩子反应迟钝和动作不协调有一定的好处。大多数孤独症的孩子自我封闭，拒绝接触新事物，缺乏主动性，不过他们对自己感兴趣的事情却比较执着。假如父母善于捕捉到孩子的兴奋点，可以对孩子感兴趣的事物给予多方面的信息刺激。假如孩子喜欢玩水，那父母可以为其准备热水、冷水、温水等。父母可以为孩子创造一个氛围，把与之相关的信息搜集起来，讲给孩子听、和孩子一起动手做。

2.引导孩子与人交往

父母可以引导孩子有意识地与人交往，让他们对交流感兴趣。比较好的方式就是长时间和亲近的人在一起，亲密接触亲人的手势、动作、语言、表情和回应的方式。耐心地给孩子反复示范，一次次地引导孩子模仿。在这个漫长的过程中，父母最好将日常生活的内容与训练结合起来，变枯燥的训练为有趣的游戏，慢慢让孩子感觉到这是个好玩的游戏。

3.把他当作正常孩子

父母不妨把他们看成是正常的孩子，营造一个让他们学着自己照顾自己的氛围，比如自己穿衣服、穿鞋，自己吃饭，自己洗手、洗脸，学习适应环境、与人配合。将自己设定的目标贴近孩子，把这个将要达成的目标分解成一个个细小的目标，一点点地、分步骤地去实现。不过，欲速则不达，对一般孩子而言很容易学会的生活技能或短时间内可以养成的良好习惯，孤独症孩子却要半年或更长的时间。因此，父母在心里给孩子定的标准一定要比同龄的正常孩子低很多，急躁情绪和攀比心理是要不得的。

4.父母的态度很重要

父母的态度异常关键，孩子和亲友的情绪都会随着父母的态度而改变。父母需要正确地对待孩子，为其制定合理的努力目标，重点培训孩子的独立能力。愉快地接受现实，与孩子愉快相处，努力教会孩子适应家庭生活。同时，父母细心观察，到底孩子身上有哪些特性，容忍孩子重复说一句话，不要当着别人的面对孩子表示厌烦。总之，一旦发现孩子患有孤独症之后，需要考虑怎么样给孩子进行良好的教育，让这些孩子长大成为自食其力的人，而不是家庭和社会的负担，用勇气来接受教育孩子的工作，用积极的态度对待孩子。

5.经常与孩子聊天

孤独症孩子大部分语言发育迟缓，有的甚至丧失语言能

力。他们面临的共同难题就是学会说话，利用孩子吃饭睡觉以外的所有时间教他说话，这是父母不能回避的现实。语言训练可以分阶段进行，比如前期准备阶段教孩子模仿父母的口部动作，像张大口、闭嘴等，让孩子知道听指令做事，理解某些动作的意义——拍手表示高兴、摆手表示再见、拉手表示友好。然后可以进行"发单音"的训练，等孩子的单音字说得比较好了，就可以着手教他学双音节词语了。最后对孩子做简单的问答训练，目的就是让孩子学会表达自己的需求，学会沟通。

第 03 章

透过习惯行为，揣摩孩子行为的深义

日常生活中，孩子身上有一些习惯行为，比如喜欢哭闹、喜欢模仿同伴的行为、总是叛逆……这些看似常见的行为很容易被父母忽略掉，总是说"孩子都这样"。其实，孩子身上的习惯行为，也隐含着成长的行为特点以及心理问题。

孩子总喜欢扔东西

心理学家认为，当孩子自我意识开始萌发，"我"字当头，就会想着反抗权威，所以往往与父母对着干，这就是孩子的第一反抗期。这一阶段，孩子寻求强烈刺激，以发泄心中的不满。在这一阶段，孩子开始对父母说"不"，周围的事情他们都想大包大揽地干上一番，表现得非常自以为是。这时的孩子身体已经相当的协调，能跑能跳，能抓能捏。他们进入了独立欲求的第一个反抗期，逆反是这个时候孩子的常见表现，孩子可能会对父母或者老师的要求做出的一些故意反抗的行为。

孩子出现逆反时给人的感觉是火气很大，好像身体里充满了一股怨气。因此父母对待孩子的逆反应该以疏导为主，尽可能避免与孩子针锋相对发生冲突，同时，父母要注意引导孩子，使孩子知道什么是对的，什么是错的，从而朝着正确的方向发展。

小贴士

1.教给孩子一些基本技能

这一阶段的孩子总是做不好一件事，心里着急，就容易发脾气。这时父母可以教孩子怎么做，比如，孩子玩积木总是滑下来，可以教孩子如何取得平衡；孩子投球老是投不准，接球又接不住，可以教他投掷、接应时手的放和收的技能，等等。

2.别指望孩子反思自己的行为

孩子发脾气时父母如果完全置之不理，想用无声让他懂得"错了"，是极不合适的。父母可以提前告诉孩子不能生气，否则就不让他玩玩具或者把玩具送人，这个方法有时不会起作用。因为孩子还不懂得"否则"是什么意思，也不会去这样想问题：发火会导致没有玩具玩，不发火就有玩具玩。因此，父母还需要对孩子进行适当的正面教育。

3.合理发泄情绪

遇到不愉快的事情，产生了不愉快的情绪，发泄比憋在心里要好。当父母发现孩子生气的时候，不要对着孩子发泄，可以找一个枕头来代替孩子。当孩子想发火的时候，引导孩子不要朝父母发脾气，而是把怒气发泄到布娃娃身上。

4.拒绝的同时给予适当安慰

对于孩子提出的要求，能满足的尽可能满足。比如孩子夏天想吃冰激凌，就让孩子吃一个；不过冬天冷，孩子想吃也不能给他吃。父母认为后者是无理的要求，不过孩子却认为这两种情况是一样的，没有无理和合理的区分。当孩子提出所谓的无理要求时，可以用眼神、手势、简单否定等方式让他懂得，这个要求父母不同意。但是，在拒绝孩子这个要求的同时，要

给他合理的东西满足他。比如不能给冰激凌，可以给一块小蛋糕，只是拒绝，没有给予，就达不到教育目的。

孩子越来越难管教

科学研究表明：孩子的叛逆期通常分为三个阶段：2~3岁宝宝叛逆期，6~8岁儿童叛逆期，14~16岁青春叛逆期。叛逆期的孩子通常会有这样的一些典型表现：破坏性强，喜欢摔东西、拆玩具、乱写乱画、撕书，或故意把玩具丢得满地都是；坚持要某一件东西，即便是外表相同的替代品也不要；坚持要穿某件衣服某双鞋，即便不符合季节；想要做的事情坚决要做到，否则就大哭大闹；在公共场合坐地要赖、打人；父母要求的事情偏偏不做，越是禁止做的事情越要做；不理睬父母，宁愿自己玩，也不和父母一起玩；故意破坏之前约定好的规矩；层出不穷地提出新的要求；和父母讲条件，要满足他的要求才肯做事；和别的小朋友玩耍时，争抢同一件玩具；不愿意和别人分享玩具，不过又喜欢抢别人玩具，严重时还打人。

同时，孩子在自我意识成长的过程中，必将经过一个矛盾的阶段：一方面，孩子渴望独立，摆脱父母的控制；另一方面，在生活上情感上又对父母有着依赖。这样矛盾的状况会造成孩子比之前更黏父母，担心父母离开，同时又会不断挑战父母的权威，和父母唱反调。由于孩子的自我尚未真正建立，在独立和依赖之间来回游离，在孩子未来的成长过程中，这一现象还会不断重复。孩子未来究竟可不可以实现真正的独立，父母的态度是关键所在。

小贴士

1.了解孩子叛逆行为的原因与动机

孩子和父母在一起的时间长，和父母最为亲近，要想了解孩子的需求，父母只有平时多注意观察，多学习教育孩子的知识，多和孩子交流。父母要充分理解孩子想要自己尝试、独立表现的愿望，尽可能多创造一些条件，让孩子的要求得到适当的或充分的满足。

2.不能迁就原则问题

叛逆期的孩子一方面不断挑战规则，另一方面又不断追求规则。假如规则混乱，孩子缺少安全感。父母在制订规则时要讲科学，规则一旦制订，就必须遵守。不制订超过孩子能力的规则，比如要求孩子上课不走神等。尊重孩子的需求，有时孩子只是要求自主行动，比如要自己穿衣服，自己吃饭，大人不应当因为怕麻烦而禁止孩子这么做。

3.以巧妙方法进行引导

叛逆期的孩子问题较多，父母应按照不同的情况采用不同的方法巧妙引导。比如父母让孩子吃饭，孩子偏不吃。父母可以采

用激将法，要求孩子不吃饭，孩子反而拼命要求吃饭。不让孩子关灯，孩子反而要求关灯。不过父母在使用这个方法时语气要尽可能真实平静，按照孩子情绪适当调整。

又比如孩子到处扔东西以吸引父母注意力，这时父母要假装没看见，继续和家人聊天。孩子看见没引起自己想要的效果，自然会停止这样的行为。

4.耐心对待孩子的负面情绪

孩子情绪激动时，父母千万不要和孩子讲道理。当孩子大哭时，父母可以抱着孩子或者到安静的地方，静静地听孩子哭一会儿，让孩子平静；帮助孩子搞清楚为什么哭，是哪一种情绪，伤心还是愤怒；对孩子表示同情和理解；等孩子情绪平静了，想办法转移他的注意力。

孩子太懒惰了

许多父母总是抱怨孩子太"懒"了，做什么事情都需要自己提醒，否则他就坐在那里一动不动。其实，出现这样的情况，原因是多方面的。有的孩子是没有养成主动做事的习惯。孩子天性是比较敏感的，他们的注意力和兴趣转移得很快，不能长久地保持，因而不能很好地去做一件事情，即便是做起事情来也是"有头无尾"，或者毛毛躁躁。他们在写作业的时候，总是一会儿去喝水，一会儿去洗手间，一会儿又在窗户边上看一会儿。有的孩子容易受到周围环境的影响，他们注意力不集中，总是被外界的东西所影响，比如玩具、动画片，他们看到这些就会停止手中的事情，把注意力转移到另外的事情上去。

孩子很聪明，十分可爱，全家人都很喜欢，不过让爸爸妈妈有一点不满意的就是太"懒"了。妈妈常常这样说他："你就像那癞蛤蟆，我推你一下，你才走一步，从来不会主动向前走。"刚开始听到这句话，孩子很不理解，因为他没有看到过癞蛤蟆。

平时放学回家，总是要爸爸妈妈催促三四遍："该写作业了""放学了就应该先把作业写了再玩，否则一会儿不许吃饭""宝贝，快来写作业，别玩了""乖，听话，赶快来把作业写了"……最后，孩子总要出去玩几次，才能把作业写完，有时甚至会拖到深夜。对此情况，爸妈很是头疼。

除此之外，孩子之所以会"懒"，在很大程度上就是父母娇宠出来的。有时候，孩子的事情没有做好，父母发现了，为了省心省事，就大包大揽，让孩子失去了主动做事情的机会，继而使孩子产生一种依赖感，养成做事需要有人提醒的习惯。

这时候，如果父母不能正确教养，及时改掉孩子的坏习惯，一些不良行为习惯就会在孩子身上滋生。所以，当父母发现孩子做事缺乏主动性，就应该进行正面教育，鼓励孩子自己

的事情自己干，并进行引导，这样就能帮助孩子克服做事毛躁的不良习惯，使孩子养成主动做事的习惯。

小贴士

1.言传身教

父母是孩子的第一任老师，因而，父母教育孩子的最好方式就是言传身教。父母除了鼓励孩子去主动做事情，还需要以实际行动来告诉孩子主动去做事情是一种好习惯，也会从中获得许多有益的东西。比如，当孩子做完了一件事情，父母应给予赞赏，并把孩子的成果展示给他自己看，让他获得一种成就感。当父母做好了榜样，给孩子树立起了良好的形象，孩子就会受到积极的影响，继而学会主动去做事情。

2.培养孩子主动做事的习惯

在日常生活中，大多数孩子做事都是毛手毛脚，虎头蛇尾的，这时候父母应该制止这种不良行为习惯的蔓延，进行正面引导，同时也要给予孩子一定的鼓励。当孩子在做一件事情的时候，父母应帮助孩子指出明确的目的，对孩子做事的方法给予指导。从日常生活中的一件件小事做起，慢慢地培养孩子主动做事的习惯。

3.促进孩子主动做事的积极性

有时候，孩子做得不是很好，父母就是一顿指责"做不好就别做了"，这样会打击孩子主动做事的积极性，在下一次，他就不会主动去做事了。父母应该鼓励孩子去做事，即便孩子做得不是那么令人满意，父母也应该先肯定孩子的成绩，这样可以有效地促进孩子主动做事的积极性。

4.适当地激励孩子

孩子缺乏做事的主动性，父母的态度是很重要的。当孩子有了偷懒的念头，父母应该适当地用语言去激励孩子，站在孩子的角度，用鼓励性的语言来激励孩子，向孩子提出一些要求。这样，孩子就会在父母的鼓励下主动去做一些事情，他也会认为主动做事并没有想象中的那么困难。

孩子喜欢模仿同伴

孩子天生喜欢模仿，因为模仿是孩子学习技能、探索世界的一种方式。随着年龄的增长，孩子的语言表达能力在不断地提高，模仿能力也逐渐加强。一般而言，孩子对世界的认知开始是通过他所看到、听到、触摸到、闻到的，即感官系统对外部环境信息进行接收，这是由于孩子大脑负责外界信息收集的神经元在他出生时就已发育成熟，这就是孩子喜欢模仿的基础。而负责信息处理、逻辑想象这部分的是额叶神经元，这部分神经元在孩子2岁开始发育，快速发育期在3~6岁，这一阶段孩子的模仿能力会加强。

园园喜欢模仿是在两岁时，她每次在家总不爱穿自己的鞋子，而是偏爱妈妈的高跟鞋，因为穿着妈妈的鞋子，走起路来感觉很神奇。平时趁着爸妈不在家，她还会拿着妈妈的化妆品给自己脸上乱涂抹，还不时地照镜子。

后来上了幼儿园之后，她开始喜欢模仿与自己同龄或比自己大的孩子，别的孩子做什么，她就学别人做什么，连老师都说她的模仿行为比别的小朋友明显，不过在爸妈和比她小的孩子面前又不这样。

园园妈妈觉得孩子很没有自己的主见，总是别的小朋友做什么她就做什么，比如跟妞妞一起玩，妞妞玩得哈哈大笑她也哈哈大笑，妞妞爬扶梯时摔倒了，园园也跟着摔倒，这个现象持续大半年。

孩子突然间成了同伴的"跟屁虫"了，这种类似情况让许多父母感到苦恼和困惑。看到别的孩子做什么，自己的孩子就做什么，这让许多父母认为自己的孩子没有个性、缺乏主见，甚至认为这是不好的现象。

事实上，孩子喜欢模仿是正常现象。孩子最开始喜欢模仿父母，因为父母是孩子的第一任老师，一般孩子模仿父母的年龄应该是两岁左右，比如女孩喜欢穿妈妈的高跟鞋，男孩喜欢模仿爸爸开汽车。对孩子而言，他们喜欢的事情就是愿意模仿的事，这些事情在孩子的大脑情绪记忆系统，比如额叶与边缘系统中存储下来，带来一种良好的体验，这种感觉就像成年人所感受的成就感、意义感、被认可感一样。孩子，不断重复这些能带来兴奋感、舒服感的行为，所表现出来的就是强烈的模仿行为。

孩子为什么喜欢模仿呢？

1.模仿即学习

孩子有很强的观察力，喜欢模仿他人的言行举止。实际上，这是孩子学习的一种方式，父母不必担心。孩子只是没有足够的知识经验，不知道怎么办，所以只能通过观察同伴的行为表现来模仿学习，从而获得相应的经验。

2.一种从众心理

孩子从模仿中能够获得成功和喜悦的乐趣。孩子也喜欢随大流，想跟别人一样，获得别人的认可，融入集体活动中，这是一种人际交往、人际依赖的心理安全需要，是想获得群体归属感的尝试。

3.独立自主意识较弱

孩子年龄小，独立自主意识较弱，依赖心理严重，他们的很多能力都是凭模仿学会的。有了模仿，减少了不必要的探索和尝试，才能快速掌握别人已经摸索出来的各种技能，才有时间、有精力去创新和发展。

小贴士

1.正确看待孩子之间的相互模仿

孩子看到别的孩子吃什么，他也要同样的东西。看到这样

的行为，父母不要小题大做，将孩子之间的模仿行为看作是嫉妒、攀比、缺乏主见、无理取闹等，也别采用错误的方式来对待孩子，比如拒绝孩子的要求，放任孩子哭闹。其实，孩子的模仿是一种自然本能，而嫉妒行为则伴随有哭闹等行为表现。模仿同伴就是一种学习和交流，父母错误对待这种行为会不利于孩子学习，而且也会影响孩子与同伴之间的关系。

2.孩子不是跟屁虫

看见孩子跟着同龄的孩子学，觉得孩子没个性、缺乏主见，这其实是父母对孩子模仿行为持批评和否定态度。孩子的观点和主见主要是在模仿的基础上渐渐形成的，他们只有在同伴面前才互相模仿，从而实现真正的交流。

3.通过互相模仿改掉孩子的坏习惯

孩子在成长过程中难免会养成一些不好的习惯，而相互模仿则可以促使孩子改掉一些不良的习惯。比如两个孩子一起吃饭，看着同伴吃饭很乖，父母就可以正面鼓励孩子去模仿对方"你看妞妞好棒哦，自己吃饭，她根本不需要妈妈喂"，这样孩子就可以通过互相模仿渐渐地改变不良的吃饭习惯。

4.注意孩子模仿的内容

互相模仿也存在一些问题，既然孩子可以模仿同伴的好行为，当然也会模仿一些不好的行为，所以需要父母经常把关，注意孩子模仿的内容。比如孩子最近学班里的同学说脏话，父母就要及时干预和正面引导了。很多时候，孩子在模仿行为时并不清楚这个行为背后的意思，也不明白行为的好坏。而父母需要告诉孩子行为的好坏，让孩子不学习不良行为。

5.告诉孩子是怎么回事

如果父母不希望孩子去模仿同伴的某些行为，最好的办法就是不要把那些事情搞得很神秘，开诚布公地让孩子去了解怎么回事，好奇心没了，自然注意力也就会转移到其他方面。比如孩子会模仿同伴的口头语、脏话或者口吃、频繁眨眼等动作，父母不要大惊失色地严厉禁止，这样做只会适得其反，加重孩子的好奇心和反抗心理，用先表明态度然后以忽略的方式对待，等孩子的好奇心消失，这类行为也会自然消失。

孩子很喜欢撒娇

平时生活中，我们对于"小皇帝"的报道听得很多，对于娇生惯养的危害也印象颇深。因此，大多数的父母都会有这样的认识：不能娇惯孩子。娇生惯养，纵容孩子一些不合理的倾向、习惯，对孩子的成长是极为不利的，比如吃零食、看电视、买玩具、玩游戏等，假如孩子的行为没有被约束，那恐怕他们会无节制地追求，就好像成年人迷恋金钱、名誉、权力一样。

凌晨一点钟的时候，赵女士和孩子爸爸刚刚睡下去，就听到5岁的女儿喊："妈妈，妈妈，我要去厕所。"她对宝贝

说："你自己去吧，来妈妈这里拿手电筒。"女儿直嚷着："我不去，我害怕，我要妈妈陪着我去。"赵女士好心劝导："宝贝，你自己去吧，我们先不睡觉，在床上看着你，直到你回来，好吗？"但是，不管她怎么说，女儿就是不肯去，在床上哼哼唧唧的。顿时，她觉得自己火气直往上冒，然后就说："要去就自己去，不然就拉在自己床上。"女儿听后哇哇地大哭起来。

赵女士越听越生气，把孩子说了一通。尽管她潜意识觉得自己不应该发火，但就是控制不住自己，总是觉得都那么大的孩子了，也太娇气了，自己上个厕所都不肯。女儿平时总是跟妈妈说怕鬼怕坏人，赵女士也无数次告诉女儿这世界上是没有鬼的，所有关于鬼的一切都是我们人类自己编造的。而坏人嘛，家里的门都是锁得死死的，坏人哪有那么容易就进来了，而且爸爸妈妈都在家里，干嘛啥事都需要爸爸妈妈陪伴呢？

不过，父母都是喜欢矫枉过正的。在不知不觉间，连孩子正常的愿望、欲望也限制了，连孩子正常的心理、需求也视为娇气。父母开始对孩子有比较高的要求，盼望孩子可以早点坚强、自立、成熟。孩子在成长过程中是慢慢长大的，比如他们小时候怕狗、怕猫，这些恐惧心理是莫名的，不是想不害怕就可以做到的，与意志无关，也不是娇气的事情，父母需要适时满足孩子内心的自我肯定感。

日本教育作家明桥大二曾提出，父母应在孩子童年时期培养其自我肯定感，让孩子撒娇，促使其形成独立的人格。自我肯定感是孩子心灵成长的根基，0～3岁是培养孩子自我肯定感的最佳时期。然而，许多父母只关注孩子的身体健康和学习，忽视了孩子的心理健康。自我肯定感，是让孩子意识到"我是有存在价值的，是被别人需要的，做我自己就可以"。孩子只有有了自我肯定感，才会有学习欲望，才能主动其提高素养，形成良好习惯。假如缺乏自我肯定感，孩子会认为自己活得没有价值，进而容易丧失努力学习和提高素养的欲望。

小贴士

1.多拥抱孩子

怎么样培养孩子的自我肯定感？明桥大二认为，父母应多拥抱孩子，仔细聆听孩子讲话，让孩子感受到父母对自己的重视。当然，对于幼儿来说，多给孩子换尿布、喂母乳等也是培养孩子自我肯定感的有效方式。

2.允许10岁以前的孩子撒娇

让孩子撒娇，有利于培养孩子的自我肯定感。孩子10岁以前要允许其撒娇，让孩子获得依赖感和安全感，有依赖感和安全感的孩子才有意愿向往独立。父母要允许孩子撒娇，不要过度否认孩子的撒娇行为。

3.允许孩子合乎情理地撒娇

父母要学会区分孩子的哪些撒娇是合乎情理的，哪些是

不合乎情理的。比如孩子生病、身体不舒服时，就比较容易撒娇；婴儿每天的午后和晚上要睡觉时会撒娇；外界扰乱了孩子的生活习惯就可能导致孩子吵闹、撒娇；孩子到了一个陌生的环境，因为不熟悉环境而产生心理不愉快也会撒娇；当孩子情绪低落、心情不舒畅时也容易撒娇……对这些合理的撒娇，父母都应该予以理解和原谅。

4.允许孩子撒娇而非娇惯孩子

允许孩子撒娇和娇惯孩子是两个概念，允许孩子撒娇，更多的是理解和适度满足孩子的正常心理需求。孩子本来就是孩子，一点儿都不娇气那就是大人了。而娇惯孩子则是无节制地满足孩子的欲望，过分纵容孩子的表现。让孩子撒娇与娇惯孩子不同，前者是满足孩子情感上的需求，对孩子依靠自身能力可以做到的事要尽量放手；后者是满足物质上的需求，对孩子的事大包大揽。允许孩子撒娇，他并没有被"惯"得娇气，孩子自身的生命力和自立能力是茁壮的，会自然地成长起来。

第 04 章

了解心理行为，走进孩子的内心世界

父母常常会疑惑，为什么孩子的行为总让人摸不着头脑，那或许是源于孩子的心理需求。儿童期是孩子心理发育的关键时期，父母要及时察觉他们的心理压力、心理行为，从而呵护孩子幼小的心灵。

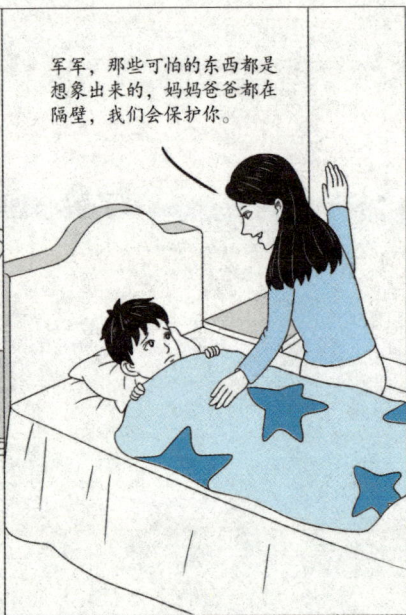

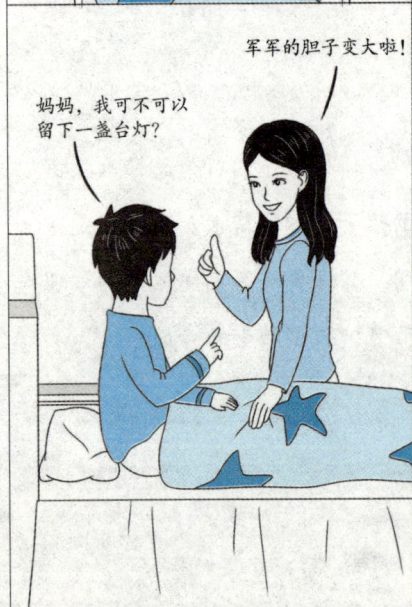

儿童自我意识发展的阶段

孩子在开始认识自己的时期，有着两种矛盾心理：有心自己做事，又担心把事情做得失败。所以，假如孩子失败时，父母说："你看，你没按妈妈教的做，搞砸了吧。"那么，孩子就会慢慢失去信心，容易变成依赖父母的消极孩子。

于是，父母总是感叹：孩子缺乏积极性。不过这时父母可以反省一下，是否是自己扼杀了孩子想要自立的萌芽呢？尽管孩子在开始认识自我时，还缺乏自信，有时还会故意和父母作对，违背父母意志。在这个时期父母在培养孩子的过程中态度如何，对孩子的人格形成将起到很大作用。

帮助孩子形成健康的自我，所谓"自我"，指的是人们依据周围环境发展而形成的有关自己的情感和态度。而"健康的自我"指的是人们按照周围环境的反应发展而形成的有关自己的正确认识及积极的情感和态度。假如孩子形成了健康的自我，就会意识到自己在这个世界上是有价值、有力量、有能力、有位置的。这将帮助孩子树立起自尊心、自信心，获得客观的自我知觉、积极的自我意向与公正的自我评价，为他们人格的和谐发展奠定坚实的基础。反之，他们会产生自卑之感，丧失基本的自尊与自信，并感到自我知觉失真、自我意向消极、自我评价不公，从而在人格的发展上陷入混乱状态。

妈妈去幼儿园接乐乐，老师告诉她，乐乐中午睡觉时尿床了。妈妈一听，恼怒地瞪着乐乐说："你怎么回事？昨晚你尿床，今天又尿，这么大了，还老尿床！"其他孩子听到后笑了，对乐乐做鬼脸说："羞羞脸，羞羞脸。"乐乐"哇"地一声大哭起来。

乐乐是个腼腆的孩子，为了塑造乐乐的男子汉气概，妈妈经常找机会要求他在众人面前表现自己，但乐乐总不配合。妈妈忍不住埋怨道："你这孩子，怎么这么没用啊！"以后，乐乐不管做什么事情都会想到妈妈这句话，变得更加地畏首畏尾。

过年时，乐乐收到很多压岁钱。"妈妈，我有钱了。"乐乐高兴地炫耀，并把钱叠得整整齐齐，放在自己的小抽屉里。有一天，妈妈急着用钱，于是就把乐乐抽屉里的钱取了出来。乐乐回家后，发现钱被妈妈拿走，当即哭闹起来。

孩子对自我的认识过程，大概包括对以下三个问题的回答。第一个问题是："我是谁？"孩子要回答这个问题，需要有意识地了解自己——了解自己的身体、优缺点、兴趣、爱好，了解自己生活圈子里的父母、教师、同伴，等等。第二个问题："我是什么样的孩子？"孩子了解自己后，慢慢明白"原来我是这样的"。不过他们能否正确地认识自己并在此基础上接受自己，却在很大程度上受成人和同伴的影响。第三个

问题是："我往何处去？"孩子了解并接受了自我对自己今后的目标和计划也有了模糊和朦胧的意识，并对自己将来要做什么，想有什么样的成就等问题开始有了兴趣。

在孩子的自我发展中，由于受自身心理发展水平的限制，尤其是认识发展水平的限制，孩子自我认识发展的总体水平还是比较低的，他们还不能对自己进行独立、客观的评价，而往往按照父母的评价来评价自己。特别是孩子形成自我的第二个阶段，在这个阶段，父母的鼓励与支持能够促进他们对自己产生积极的情感与态度。如果孩子能够接受自己，对自己形成积极的情感与态度，就有可能形成健康的自我。

小贴士

1.创造和谐的家庭环境

在平等和谐的家庭环境中，孩子能够自由表达自己的兴趣和爱好，表现出自己与别人的不同之处。在这样开放的环境里，人际关系亲密、安定、平等、合作，大家彼此尊重和关心他人，而不是以自我去强求别人。父母在与孩子交往时，要把自己与孩子摆在一个平等的位置上。

2.鼓励孩子，让孩子充满自信

父母要常常鼓励孩子做自己力所能及的事情，并在孩子缺乏自信时给予开导、支持和鼓励，更重要的是，父母不要以自己的需要和要求代替孩子的需要和要求。为了增强孩子的自信心，父母应该采取"不加判断"的态度。当孩子有某种经验、反应、感受时，父母必须把它看作是一种现实存在或真实表现加以接受，并鼓励他们坚持自己的观点。父母只有真正接受孩子，孩子才有可能接受自己，并认为自己是有价值的人，是值得被注意和接受的。在这个基础上，孩子才能形成乐观的、积极的对自我的态度和信念。

3.引导孩子形成良好的人际关系

孩子健康的自我是通过人与人之间的互动形成的，父母应帮助他们以满腔的热诚、同情心与仁爱之心走向社会，建立良好的人际关系。父母在与孩子相处时，要熟练地掌握和运用爱的策略，善于向孩子表露自己的喜怒哀乐。成人的情感世界通常比较内隐、含蓄，孩子的情感表达则直接而外露，这就要求父母将自己的情绪体验充分地表露在孩子面前，以达到交流的目的。当然，父母要善于真诚地向孩子袒露心迹，表达自己的内心感受，使孩子看到一个真实的父母形象，从而进一步强化彼此的情感联系。

4.培养孩子对父母的信任感

孩子的隐私具有相对性，对不信任的人是隐私，对信任的人就不是隐私了。对此，父母需要尽量争取通过关怀、尊重等方式赢得孩子的信任。

5.为孩子保守秘密

父母一旦承诺为孩子保守秘密，就要严格遵守。假如不慎

将孩子的秘密说了出去，一定要及时向孩子道歉，以得到孩子的谅解，同时也要做好自己为人父母的榜样。

孩子胆子太小了

实际上，孩子的胆怯是家庭教育的"副产品"，很多父母总是担心孩子吃苦受累，不让孩子干这做那，这就是孩子形成胆怯心理的主要原因。生活中，我们经常会看到一些孩子，见生人就哭，不敢自己去做事，处处需要大人陪着，我们称这样的孩子胆小怯懦，那这是什么原因造成的呢？

小明从小在爸爸妈妈身边长大，不过由于爸爸妈妈工作比较忙，每天只由年迈的奶奶带着。小明从小调皮、好动、脑子转得快，经常跑出去玩，年迈的奶奶总是追不上。奶奶担心小明摔倒，于是经常吓唬他说："你再跑就让收破烂的把你给收走了。"

有一天，小明跑远了，看不见奶奶，他大声地哭了起来。这时正好来了一个骑三轮车的叔叔说要把他送回去，小明以为是收破烂的要把自己带走，吓得使劲地大哭，直到晚上睡觉时还在哭。

从这以后，小明就变得十分胆小，不敢自己在屋子里玩，处处都十分小心。不过他在家里又非常调皮，经常会犯些小错误，这时爸爸就会批评他。为了逃避批评，小明竟然慢慢学会了撒谎。对此，爸妈很是担心，孩子如此胆怯该如何是好呢？

心理学家认为，孩子的胆怯心理是由多方面原因造成的。首先是孩子的生活圈子太小，有的孩子平时只生活在自己的小家庭里，尤其是由爷爷奶奶照看的孩子，很少出去玩，很少接触外人，他们的依赖性较强，无法独立地适应环境。

其次是有的父母喜欢吓唬孩子，当孩子在家里不听话，如哭闹或不好好吃饭时，父母就用孩子害怕的语言吓唬他"再哭就把你扔在外面让老虎吃了你""泥土里有虫子咬你的手"。如此恐吓孩子，会让孩子失去安全感，进而形成胆小怯懦的性格。

此外，父母在日常生活中对孩子有过多的限制，比如去公园玩耍，不让孩子去爬山，不让孩子去湖边玩，造成孩子不敢从尝试与实践中获得知识，取得经验，从而形成胆怯的性格。

小贴士

1.鼓励孩子多参加活动

父母应有意识地为孩子创造外出活动与他人交往的机会，尤其是在家里由爷爷奶奶或外公外婆代养的孩子，更需要从家庭的小圈子里解放出来。家长可以经常带孩子到公园和其他公共场所，让他们接触、认识、熟悉更广阔的世界。父母可以带

孩子去走访亲友，或去外地旅行，开阔他们的视野，并让孩子和小伙伴们在一起游戏，和大家一起参加活动，一起结伴买东西等，从而锻炼孩子的胆量。

2.帮助孩子提高认识

孩子的胆怯大部分是后天形成的。父母要端正思想，按照孩子的年龄和实际情况，给予积极的引导，帮助孩子丢掉"怕"字，同时告诉孩子，胆小鬼是什么事情都做不好的，让孩子鄙视胆小怕事的行为。对于孩子存在的胆怯心理，父母可以进行锻炼和诱导，比如孩子怕生人，当有客人来访时，应让孩子与客人接触，并锻炼他在客人面前讲话。这样一回生二回熟，孩子的胆怯心理会渐渐消失。

3.培养孩子勇敢的精神

父母可以经常讲一些有关勇敢的故事，平时善于观察孩子，当他遇到困难时，给予及时的帮助，鼓励孩子去战胜困难。对孩子进行胆量方面的训练，比如在感觉训练中，逐渐加强训练难度，慢慢锻炼孩子的胆量。

4.交给孩子一些任务

父母可以有目的地交给孩子一些可以完成的任务，限定时间完成。比如假期可以让孩子独立坐公交车去朋友家或跟旅行团旅游，在这个过程中让孩子去锻炼，去克服困难。同时父母要给予孩子鼓励、指导和帮助。当孩子完成任务时，父母应给予表扬，帮助孩子树立信心。

5.与孩子平等对话

父母与孩子的交流是多方面的，如果孩子怕黑，父母可以在全家人看电视时把灯关上，让孩子慢慢适应黑暗。假如孩子害怕陌生人，父母可以有意识地让孩子单独去超市购物，去书店买书，去参加一些宴会或电视节目等。

孩子嫉妒心强

孩子大约从1岁半起，他们的嫉妒心理就开始有了明显而具体的表现。刚开始，孩子的嫉妒大多与母亲有关，假如自己的母亲将注意力转移到其他孩子身上，孩子就会以攻击的形式对别的孩子发泄嫉妒心理。

孩子的嫉妒具有明显的外露性，有时还具有攻击性和破坏性。孩子的嫉妒与成年人的嫉妒有不同之处，主要是不能有效地控制自己的情感。孩子直接而坦率地表露情感，根本不考虑后果。比如自己很想要的玩具，妈妈不给买，那就特别讨厌那些有这种玩具的孩子，有时甚至会把人家的玩具弄坏。

5岁的乐乐是一个非常可爱的孩子。一个周末，乐乐妈妈的同事带着自己3岁的儿子到乐乐家里玩，妈妈很热情地接待了他们，并开心地逗同事的儿子玩耍。刚开始，乐乐也挤过去亲了亲小弟弟，不过没过多久，乐乐就有些不高兴了，因为妈妈抱

着小弟弟，一点也没有放下的意思，还又亲又笑，乐乐觉得自己受到了冷落。

于是，乐乐开始大声唱歌，但没有人注意她。乐乐又跳起了自己最擅长的舞蹈，不过还是没有人来搭理她。终于，乐乐忍不住了，她忽然间摔坏了自己的杯子，然后坐在地板上放声大哭，结果使妈妈和她的同事十分尴尬。

可以说嫉妒是一种消极的心理，是因别人在品德、能力等方面胜过自己而产生的一种不满和怨恨，是一种被扭曲了的情感。如果孩子将这样负面的心理保留到以后，那他们就难以协调与他人的关系，难以在生活中保持心情舒畅。所以父母需要针对孩子的这一负面心理，纠正孩子的嫉妒心理。

小贴士

1.了解孩子嫉妒心理产生的原因

父母只有了解孩子产生嫉妒的原因，才能对孩子进行有针对性的教育。通常孩子的嫉妒心理产生的原因有三种：一是环境影响。假如在家里，父母之间互相猜疑、互相看不起，或当着孩子的面议论、贬低他人，会在无形中影响孩子的心理。二是孩子能力较强，不过某些方面比不上其他孩子。通常各方面都比较弱的孩子，他们会处于安分的状态，因为他们已经习惯于当弱者。而那些能力较强的孩子，就会对别的有能力的小朋友产生嫉妒。三是不恰当的教育方式。有的父母经常对自己的孩子说他在什么方面不如某个小朋友，让孩子认为父母喜欢别的小朋友，不喜欢自己。这些孩子会因为不服气而产生嫉妒。

2.倾听孩子的心里话

孩子的嫉妒是直观的、真实的甚至自然的，完全不似成年人嫉妒心理那样掺杂着许多的因素，只是孩子因自己愿望不能实现而产生的一种本能心理反应。所以，父母不要盲目地对孩子的嫉妒行为进行批评，而应耐心倾听孩子心中的烦恼，理解孩子没办法实现自己的愿望所产生的痛苦情绪，从而便于孩子宣泄因嫉妒产生的不良情绪。

3.正确评价孩子

大多数孩子都喜欢受到表扬和鼓励。父母的表扬得当，可以巩固其优点，增加孩子自信；若表扬过度或不当，会使孩子骄傲，看不起别人。由于孩子年龄较小，自我意识刚开始萌芽，他还不会全面地看待问题，所以不能正确地评价自己和别人。因此，父母对孩子的品德和能力的评价应客观正确，适当指出孩子的优点和缺点，让孩子明白每个人都有长处和短处，帮助孩子正确评价自己。

4.帮助孩子分析与其他孩子产生差距的原因

孩子的思维方式主要以具体形象思维为主，通常不具备对事物进行全面分析的能力。孩子往往会将自己的嫉妒简单地归于自己或所嫉妒的对象，而不去考虑其他因素。所以，父母可以帮助孩子全面分析造成他们与所嫉妒对象之间的差距的原

因，引导孩子以积极的方式缩短这些差距，从而化解孩子内心的不平衡。

5.对孩子进行美德教育

嫉妒心理大多数产生在有一定能力的孩子身上，他们觉得自己有能力，却没有受到别人的表扬，所以对那些受到注意和表扬的孩子产生嫉妒。父母要对孩子进行美德教育，让孩子懂得"谦虚使人进步，骄傲使人落后"的道理。让孩子明白即便没有人称赞自己，自己的优点依然存在，假如继续保持优点，又虚心向别人学习，自己才会得到更多人的喜欢。

6.培养孩子乐观的性格

父母应教育孩子理解人与人之间客观存在的差异性，让孩子明白每个人都有自己的优势和长处，不过同时每个人也都有自己的劣势和短处。引导孩子充分发挥自己的长处，扬长避短，在生活和学习中正视别人的优势和长处，欣赏别人的优点，从而学习、借鉴对方的优势，弥补自己的不足。

7.帮助孩子树立正确的竞争意识

大多数有嫉妒心理的孩子都有争强好胜的性格，父母要引导和教育孩子用自己的努力和实际能力去与别人比较。竞争是为了找出差距，是为了更快地进步和取长补短，不可以用不正当、不光彩的手段去获取竞争的胜利，应将孩子的好胜心引向积极的方向。

孩子太自卑了

心理学家认为，自卑经常以一种消极的防御形式表现出来，比如妒忌、猜疑、害羞、自欺欺人、焦虑等，自卑会让人变得非常敏感，经不起任何刺激。假如一个孩子被自卑心理所笼罩，其身心发展及交往能力将受到严重的束缚，才智也得不到正常的发挥。

孩子产生自卑心理，往往是基于多方面的原因。比如父母能力较强，对孩子期望过高，生活在这样的家庭里，孩子总认为"爸爸妈妈什么都行，我什么都比不上他们，怎么努力都没用"；有的家庭不完整，生活在破裂家庭中的孩子，得不到父母足够的爱，觉得自己是被社会抛弃的孩子，容易产生自卑心理；有的父母采用粗暴、专横的教育方式，严重地伤害了孩子的自尊心，往往会让孩子产生自卑心理；有的父母自身有自卑情绪，平时总说"我不行"，潜移默化地影响了孩子，使孩子产生自卑心理。

小贴士

1.避免苛求孩子

父母要帮助孩子建立自信，克服自卑心理。所以父母对孩子的要求要适当，不能苛求孩子。父母对孩子的要求应与孩子实际的能力和水平相适应。若孩子取得了好成绩，那父母应及时表扬

和鼓励，让孩子对自己充满信心。对于那些成绩稍差的孩子，父母应予以关心和安慰，帮助孩子分析原因，总结经验和教训，给予孩子耐心的指导，一步步提高孩子的成绩。

2.丰富孩子的知识

生活中，父母会发现当许多孩子一起交谈的时候，有的孩子说起话来滔滔不绝、绘声绘色，而自己的孩子却只是在一边听，一言不发。这是什么原因呢？这主要是由于孩子的知识面不同，有的孩子见多识广，有的孩子知识面较为狭窄。而那些知识面较为狭窄的孩子更容易自卑，父母需要有意识地帮助孩子丰富知识，开阔孩子眼界。

3.给予孩子一定的心理补偿

消除孩子的自卑心理，父母要善于发现他们的优点和缺点，并为孩子提供发挥长处的机会和条件，让孩子学会理智地对待自己的短处，寻找合适的补偿目标，从中吸取前进的动力，将自卑转化为一种奋发图强的动力。

4.引导孩子交朋友

自卑的孩子大多比较孤僻、不合群，喜欢把自己孤立起来。而积极的人际关系会为孩子提供必要的社会支持，有利于自身压力的减缓和排解，使性格也会变得乐观起来。而且孩子在与人交往的过程中，会更加客观地评价自己和他人。父母要多鼓励孩子交朋友，并教给他们一些社交技能。

5.帮助孩子获得成功经验

当孩子成功的经验越多，他的期望值就越高，自信心也就越强。对于自卑的孩子来说，父母要帮助他建立起符合自身情况的抱负，增加成功的经验。当孩子遭遇困境，心生自卑的时候，父母可以引导孩子去做一件比较容易成功的事情，或者参加感兴趣的活动，以消除自卑。比如，当孩子在考试中失利时，不妨让其在体育竞赛中找回自信。

6.采用小目标积累法

许多孩子产生自卑，往往是由于对自己要求过高，将自己已经取得的成绩忽略了，他只是沉浸在大目标无法实现的焦虑中，内心经常笼罩在悲观、失望的阴影中。对此，父母可以帮助孩子制定一个个能在短时间实现的小目标，引导孩子向前看，让孩子从已经实现的小目标中得到鼓舞，增强自信。随着小目标的积累，不但会形成一个实现大目标的动力，而且会让孩子形成足以克服自卑的信心。

7.引导孩子正确面对挫折

孩子在生活中难免会遇到失败和挫折，而失败的阴影是产生自卑的温床。因此，父母需要及时了解孩子的心理变化，予以孩子指导，帮助孩子及时驱逐失败的阴影。父母可以帮助孩子将失败当作学习的机遇，分析失败的原因，从失败中学习和吸取教训。也可以帮助孩子将那些不愉快、痛苦的事情彻底忘记。

8.尊重孩子的自尊心

有的孩子自尊心较强，假如做错事情，自己就会很内疚。假如父母这时再冷嘲热讽，一顿责骂，就会严重挫伤孩子的自尊心。孩子就会破罐子破碎，表现得越来越差。所以，当孩子做错事情，父母应关心、理解孩子，只要孩子知错能改就行了。这样孩子就会排解消极情绪，变得越来越自信。

孩子总骄傲自大

心理学家认为，自负心理是自我认知缺陷的一种表现。自负的孩子处处瞧不起别人，对父母也表现出傲慢无礼，这是缺乏自知之明的心理。通常情况下，自负多表现在独生子女身上，或是表现在家庭条件比较优越、具有某种先天优势的孩子身上。

自负的孩子往往看不到自己身上的缺点，却抓住别人的缺点不放。他们无限放大自己的优点，以至于忽略了自身的缺点。可以说，自负是以超越真实自我为基础的一种自傲态度，是一种不良个性的具体表现。自负的孩子常常过于相信自己，从而产生任性的行为。当然，这些孩子往往难以和同学们友好地相处，因为他们不能做到平等待人，总是以高人一等的态度对待人，甚至喜欢指挥别人。他们大多情绪不稳定，当人们不理睬他们时，就会感到沮丧；当他们遭遇失败和挫折时，又会从骄傲走向悲观、自卑和自暴自弃，否定自己，觉得自己什么都不如别人。

小然是一名小学五年级的学生，她学习成绩好，担任班里的学习委员。而且她在各方面都比较优秀，不仅模样长得漂亮，学习成绩好，而且还会弹钢琴，书法也不错。不过近来老师反映说小然越来越自负了，她总是瞧不起别人。

平时在学校，小然不主动和别人接近。当同学向她问些问题的时候，她会觉得很烦，明显表现出不愿意搭理别人的意思。前阵子，小然买了一个漂亮的笔记本，同学丽丽第二天也带来一本一模一样的。丽丽拿给小然看，本想让小然惊奇一下，谁知道小然看见后十分生气地说："哼！烦死了！一天到晚跟着别人学……"丽丽听了脸一红，低下头。丽丽从此再也不主动接近小然了。

孩子的自负心理大部分是来源于父母的家庭教育，许多父母以对孩子的娇宠代替了对孩子正确的道德品质教育。父母的娇惯使得孩子过分注重自己，以为自己一切都了不起，容易产生盛气凌人、自负的心态。可以说，家庭的过分娇宠是孩子产生自负心理的根源。此外，有的父母将"以成败论英雄，成王败寇"的观念潜移默化地传递给孩子，让孩子树立了"只有强过别人，自我才有价值"的思想。孩子一旦赢过了别人，比如在学习上赢得了优异的成绩，就认为自己无所不能，看不起同

学。时间长了，就出现自负心理了。

小贴士

1.改变对孩子的评价方式

父母要慢慢改变对孩子的评价方式，对孩子的评价应实际客观。孩子身上总是有不足的地方，父母不要因为溺爱孩子就不切实际地吹捧孩子，特别不要在客人面前没完没了地表扬孩子，这样很容易让孩子形成自负心理。

2.少表扬，适当批评

当孩子成功地完成一件事，要让他知道这是理所当然的，尽可能不在众人面前夸奖他。当别人夸奖自己的孩子时，父母应转移话题。父母对孩子的表扬应适当，对孩子的批评也要恰如其分，既不能以偏概全，也不能掩耳盗铃、视而不见，而是要客观地指出孩子的不足之处，这样才可以帮助孩子正确地认识自己。

3.不给特殊待遇

父母要尽量少给孩子特殊待遇，减少他表现的机会。在家庭中，父母要把孩子当作普通的一员，不要让他成为中心人物。家里来了客人，除了正常的礼节之外，不要让孩子过多地表现自己，更不要在客人面前夸赞自己的孩子。

4.改变自己的教育观念

孩子身上的缺点大部分是由于父母的教育方式不当所引

起的，不管是孩子的自理能力差，还是孩子的意志薄弱、自负心理严重，大部分是父母过分溺爱孩子、保护孩子所导致的。因此，心理学家建议父母一定要理智地爱孩子，科学地教育孩子。

5.让孩子多接触社会

父母要给孩子多一些接触社会的机会，当他们看到外面纷繁复杂的世界，接触到比自己更优秀、更具专长的人，认识到"一山更比一山高"的道理，这样他们就不会因为自己的一点小成绩而自负了。父母可以多带孩子出去走走，看看外面精彩的世界，开阔视野。

6.对孩子进行挫折训练

父母可以有意识地对孩子进行挫折训练，让其尝试失败的经验。父母可以交给他一些有难度的事情去做，当他没能完成任务时，要帮助他分析原因，使他看到自己的不足。父母还可以和孩子一起玩竞赛性质游戏，如智力竞赛等。在这些活动中，要让孩子有输有赢，输的次数要多于赢的次数。当孩子失败时，需要教他学会调节自己不愉快的情绪，接受失败的考验。

第 05 章

了解障碍行为，帮助孩子走出困扰

在教育孩子的过程中，父母会发现孩子出现一些令人头疼的问题，比如偷拿东西、自虐、进食障碍，甚至有的会出现攻击性和破坏性行为，这些都是孩子常见的障碍行为。父母需要多留意，及早帮助孩子走出困境。

孩子出现自虐行为

社会心理学家所说的"霍桑效应"也就是所谓的"宣泄效应"，霍桑工厂是美国西部电器公司的一家分厂。为了提高工作效率，这家工厂请来包括心理学家在内的各种专家，在约两年的时间内找工人进行两万余次工作谈话，耐心听取工人对管理的意见和抱怨，让他们尽情地宣泄出来。结果，霍桑工厂的工作效率大大提高，而这种奇妙的现象就被称作"霍桑效应"。

心理学家认为，每个人都应当学会发泄情绪，特别是孩子，他们心理承受能力差，也不会用大道理来开脱自己。要他们能很快调整心态，做到豁然开朗似乎比较难。而调整情绪最直接的方法就是将情绪发泄出来，这对他们的身心都有好处，否则孩子就可能会出现自虐行为。

小乐是个内向的小姑娘，她不喜欢说话，一遇上不高兴的事情，就狠狠地咬自己的手。小手上留下一个个的小牙印，让妈妈心疼极了。

每个孩子都会有一定的情绪状态，比如，恐惧、喜悦、悲哀、愤怒等。与成年人能够理智控制情绪不同，孩子的自我控制能力较弱，有了负面的情绪就会当场发泄出来。由于孩子年纪尚小，与人交往、沟通的经验尚浅，且对自己产生的情绪认识不清，所以在负面情绪出现时不知道该如何表达，只好自己寻找方式来进行宣泄。在没有父母引导的情况下，孩子自发的宣泄方式往往是不当的，比如哭闹、攻击他人、伤害自己等。不过，即便孩子们发泄情绪的方式有些过激，父母也应给予充分理解，所需要做的不是阻止他们，更不是大发雷霆或使用暴力，而是让他们懂得合理发泄自己的情绪。当孩子情绪平复后，你会发现他比以前更懂事了，还会为自己的过激行为感到惭愧，并对父母的宽容心存感激。

孩子慢慢长大，心里想的东西越来越多，那种"给块糖就不哭"的日子已经一去不复返了。他们开始用心感受世界，寻找自己的朋友，开始将心里的一个角落封闭起来只装入自己的小秘密。有时，他们忽然觉得自己充满了矛盾和困惑，内心烦躁不安，想找个人大吵一架。孩子的心理是脆弱的，压力使处于天真烂漫年龄段的他们有时会感到无所适从，假如他们总把学习、生活或是人际交往中遇到的所有不愉快闷在心里，时间长了，难免有一天会做出什么不可收拾的事情，还可能会造成心理障碍。

小贴士

1.随时观察孩子的情绪

父母要有一双敏锐的眼睛，随时洞察孩子的情绪变化。

当发现孩子情绪低落或反常的时候，父母可以引导他们找一种好的发泄方式，试着与孩子进行心与心的交流和疏导。或是带孩子到野外登山或进行激烈的体育活动，让其负面情绪得以释放；或兑现一件孩子期待很久的承诺以满足其平时的不平衡心理。这时你会发现自己的理解拉近了与孩子之间的距离，你们彼此之间会相处得更和睦、更愉快。

2.避免粗暴对待

性格粗暴的父母看到孩子的不良宣泄时，常常忍不住暴跳如雷，简单地用粗鲁方式直接压制，遏制孩子的发泄。这样的方法表面看起来效果明显，但实际上孩子是出于害怕才停止宣泄，不但原来的不良情绪没有得到缓解，又多了被粗暴压制的痛苦，很容易出现情绪问题。长时间这样，孩子内心积压的情绪问题越来越多，性格会变得抑郁沮丧，终有一天会爆发。

3.避免轻易向孩子妥协

孩子的不良发泄有时是因为提出的要求没有得到满足，一些父母出于对孩子的疼爱或觉得烦躁，见到孩子哭闹就马上无条件"投降"，满足其所有要求。这样做的结果是让孩子产生误解，认为只要哭闹就会迫使父母就范，于是每当有不被允许的要求，就会哭闹或撒娇。

4.培养孩子的广泛兴趣

培养孩子多方面的兴趣，鼓励他们积极主动地投入各种活动，广泛地与他人尤其是同龄孩子交往，是让孩子学会用积极的情绪进行宣泄的有效方法之一。尤其是孩子出现不良情绪时，父母不能长时间让孩子沉浸在消极情绪里，而要引导孩子学会用转移的方式消除不良情绪，让孩子真正懂得在遇到挫折或冲突时，不能将自己的思想陷入引起冲突或挫折的情绪之中，而应尽快地摆脱这种情境，投入到自己感兴趣的其他活动中去。

5.允许孩子向"自己"宣泄情绪

孩子在遭遇冲突或挫折时，往往会将事由或心中的不满感受告诉父母，以寻求同情和安慰。孩子经常喜欢"告状"，这是以寻求支持的方式应对心理压力的策略。父母应该予以理解，这不仅体现了孩子对父母的信任，同时也是孩子消除心理负面情绪郁积的常用方式。

6.设置"冲突"情境，给予"补偿"教育

父母对于孩子表达的情绪体验和感受，不应妄加批评或评论，而是要通过设置"冲突情境"教会孩子表述自己的感受，讨论和商量出合理解决的办法。在冲突情境出现后要让孩子自己进行评论，学会寻找解决矛盾、让冲突双方都高兴的策略，让孩子通过讨论，自觉地按照合理的方式宣泄不良情绪。

注意孩子的进食障碍

生活中，许多孩子都患有进食障碍。这可能是因为父母对

孩子的抚养和教育方法不当，导致孩子依赖过度、任性、凭兴趣进食，最终形成心理障碍行为，比如进食障碍的发生。

月月6岁了，正在上幼儿园，平时的进食障碍主要表现为贪食。比如，平时放学回家，她可以马上吃掉整个柚子、两个包子、两个苹果、两碗稀饭、一盘炒蔬菜、一袋薯片，一直吃到晚上九点钟才开始做作业。她在吃东西时抱着平板电脑看电视或者动画片。妈妈让她早点吃完东西赶紧写作业，月月还会发脾气，故意又撕开一包薯片吃了起来。

上面这个案例中，月月是患了儿童进食障碍中的贪食。实际上，孩子的食欲与神经精神状态密切相关。许多独生子女父母担心孩子营养不够，采用哄、骗、骂，甚至打等方式强迫孩子进食，引起孩子的反抗情绪甚至进食障碍。而进食不定时定量，过度吃零食，都会扰乱消化吸收的规律。

孩子们的进食障碍主要表现在以下四个方面：

1.厌食

厌食是食欲抑制的严重形式。孩子厌食的发生通常与内外环境的影响密切相关，比如孩子正在吃东西时，发生了一些不愉快的事情或听到不愉快的声音，就会食欲下降，甚至厌食。孩子存在一种严重的以厌食为特征的进食障碍，在临床上称为神经性厌食。

2.偏食

有些孩子只喜欢吃某些食物，而不吃另一些食物。孩子偏食与父母及身边人的饮食习惯，以及父母平时对食物的评价在孩子心理留下的好恶印象有关。有的父母本身就有偏食习惯，甚至把自己的喜好强加给孩子；有的父母只重视给孩子补充蛋白质，而忽略蔬菜和水果；还有的父母不懂孩子营养的基本知识，为孩子准备的食物很单调，一直重复，就会给孩子的神经系统造成不良的刺激，哪怕是孩子喜欢吃的东西，吃多了也会变得不喜欢，从而造成偏食。

3.异食癖

异食癖指的是持续性的咬食非营养性物质，比如泥土、污物、石头及纸片等，这些食物可能会导致铅中毒、肠梗阻、肠道寄生虫病等并发症。这种进食障碍常伴随其他形式的精神异常，多见于精神发育迟滞、精神分裂症患者。不过，有些孩子进入青春期之后，异食癖就好了。

4.贪食

孩子贪食症指的是发作性、不能自控地在短时间内大量进食。这些孩子通常有难以抑制的进食欲望，至少每周发作两次，每次均大量进食，如果无法大量进食便会心慌意乱、坐立不安，有强烈的饥饿感。有的孩子每天进食很多次，由于能量过剩，大多体态肥胖。

小贴士

那么，针对许多孩子普遍存在的厌食症，父母应该怎么做呢？

1.培养孩子的自主意识

父母应该有意识地保护孩子的自尊心，让他意识到自己可以控制生活的某些方面，比如学习上的自信，或在外形上的自信。帮助孩子意识到，他是受到大家认可的。同时给孩子提供一些机会，参与家庭的重要决策。

2.注意孩子的情绪

通常情况下，情绪较抑郁的孩子更容易患上进食障碍。由于受情绪的影响，他们往往会通过暴食或饥饿的方法把自己从抑郁的情绪中解脱出来。所以父母需要注意孩子的情绪，一旦发现孩子有情绪障碍要及时求助心理医生。

3.引导孩子通过正确途径释放情绪

父母可以引导孩子认识并理解自己的情绪，哪怕是难过的情绪。在鼓励和引导之下，每当孩子遭遇难过的事情，就不会通过吃东西来释放情绪，而会选择运动或看书来让自己的内心平静下来。

4.警惕孩子的行为

如果孩子存在冲动控制困难、情绪化、过分沉溺娱乐活动，父母需要警惕。拥有这些特质的孩子对自己的行动缺乏思考，与其他孩子相比，当遭遇不愉快时，他们更容易用食物解决问题。

5.平衡大宝与二宝的关系

如果家里添加了新成员，有了二宝，应该对大宝给予更多的关心。如果没有对老大给予足够的关心，便会导致其心理出现应激反应，甚至出现厌食症。

孩子的逃避行为

有的孩子在入学之后，难以适应学校生活，不容易结识朋友，与同龄的伙伴玩耍，心中也会胆怯畏缩，最后他就成了一个习惯于逃避的孩子。孩子不合群，性格孤僻，不但脱离周围的小朋友，而且明显地影响孩子的上进心，甚至损害身体健康。

实际上，孩子喜欢逃避，跟先天性格有关，同时也有父母的教育原因。有的父母整天把孩子关在家里，让电视机、玩具、游戏机与其为伴，不让孩子出去和其他小朋友接触，担心孩子会吃亏，会沾染坏习惯。时间长了，孩子就成为了笼中鸟，成了一个不合群的孩子。

学校放假了，小伟在妈妈的安排下每天写作业，然后就在家里看电视看书。每天妈妈回家都会问小伟："宝贝，今天出去玩了没有？"小伟都会摇头，时间长了，妈妈有些担心这孩子是不是不太合群。

趁着自己休息的时候，妈妈带着小伟下楼来到小区广场，阳光很不错，广场人也很多，其中有许多与小伟同龄的孩子。在荷花池里，有许多小鱼儿游来游去，孩子们很兴奋，他们爬在护栏上，仔细观察着小鱼儿，有调皮的孩子向池里扔进了一块块石头，层层涟漪随着孩子们欢快的笑声荡漾开去，这一切看起来很美。接着，孩子们又自发做起了游戏，妈妈笑着看着他们，回头却发现小伟一个人独自在那玩儿，无论妈妈怎么劝

说，小伟都不和其他小朋友玩儿，还说："妈妈，我和他们不熟悉。"妈妈一惊，看来以前少带小伟出来玩了，这些同住在小区里的孩子也见得少了。

虽然，不合群说不上是什么病，但却影响孩子去适应新环境和学习新知识，这样的孩子长大后也很难与人相处，难以适应社会。而那些合群的孩子在语言表达、人际交往方面都会明显优于不合群的孩子。所以，父母应该细心观察孩子的言行，让孩子做一个合群的孩子，这样才有利于孩子的健康成长。

💙 小贴士

1.为孩子创造良好的家庭环境

孩子不合群主要是由于性格方面的原因，这就需要父母以身作则，为孩子创造一个良好的家庭环境。父母之间和睦相处，表露对孩子的关心，要教育孩子、引导孩子与他人平等相处。在整个家庭中，不要以孩子为中心，处处围着孩子转，当然，父母也要尊重孩子，不要随意打骂孩子，训斥孩子，重要的是要让孩子在和睦温馨的家庭氛围中长大。

另外，父母要抽出时间来亲近孩子，每天都有一定的时间跟孩子在一起交谈。周末休息的时候，父母可以带着孩子去公园或亲戚家走走，创造条件让孩子与其他小朋友一起玩耍。如果孩子觉得害怕，父母可以陪着孩子们一起做游戏，等他们熟悉之后就可以自己玩耍。玩耍之后，父母可以给予孩子适当的赞扬，让孩子在玩耍中感受到小朋友的可爱。

2.有意识地培养孩子合作的能力

父母可以交给孩子一些一个人难以完成的任务，鼓励孩子与别人一起合作完成，或者与父母一起完成，这样增加他与别人交际的机会，让孩子明白一个人的力量是有限的，进而体会到合作的乐趣。

3.让孩子学会交朋友

那些心理健康的孩子都会有自己的朋友，当孩子与其他小朋友交往的时候，父母需要引导孩子如何结交朋友、如何对待朋友。有的孩子喜欢捣乱，经常惹是生非，面对这样的孩子，父母要告诉他："你再这样下去，就没有小朋友会跟你一起玩了，老师也不会喜欢你的。这样帮助孩子改掉坏习惯，使孩子逐渐融入到集体之中。"

4.鼓励孩子多参加集体活动

父母应该鼓励孩子多参加一些集体活动，让孩子从小就生活在同龄孩子的群体之中。孩子在与同龄人的相处过程中，他们会教会彼此怎么玩游戏，怎么相处。而在家里，父母可能会处处让着孩子，可是在群体活动中，就需要平等地相处，这样也有利于帮助孩子克服一些缺点。有的父母害怕孩子在集体活动中被别的小朋友欺负，要求孩子自己玩自己的，不要与其他小朋友来往，这样做表面上似乎是关心孩子，实际上却让孩子失去了锻炼的机会。

孩子喜欢拿别人的东西

　　两三岁的孩子看到自己喜欢的东西，通常会不自觉地拿回家玩，他们拿的东西价值较小，可能就是一些小玩具之类的。有时拿回来的东西自己家里也有，可能孩子自己都不清楚为什么要拿回来。父母应该如何看待孩子喜欢拿别人的东西呢？

　　乐乐妈妈周末给孩子整理书包时，突然发现里面多了几个发卡，她纳闷了，自己和家人也没给孩子买过这样的发卡。于是，她问乐乐："这些发卡从哪儿来的？"乐乐一脸满不在乎地说："我在幼儿园小朋友那里拿的。"妈妈愣住了，不过，她很快冷静下来，耐心地跟乐乐说："孩子，这些发卡是属于小朋友的，不是你的东西。如果你喜欢，可以跟她借来玩玩，或者妈妈给你买新的，你不能擅自拿回家，这样的话，小朋友发现发卡不见了，会哭的。"乐乐似懂非懂地点点头，说："妈妈，明天我就还给她。"

　　其实，孩子是没有所有权概念的。年幼的他们往往是以自我为中心的，只要是自己喜欢的东西，就觉得"这是我的""我只是想拿来玩玩"。他们根本分不清所有权的概念，把自己的东西和别人有的而自己喜欢的东西，都认为是自己的。

　　有的孩子知道自己随便拿别人的东西不对，不过看到别人有自己喜欢的东西，就总希望自己也有，然而父母不给买，于是就喜欢拿别人的东西回家。还有部分孩子认为拿别人的东西很刺激，反正只要自己不说，别人肯定也不知道。

父母如果发现孩子喜欢拿别人的东西，千万不能这样做：

1.不问青红皂白地打骂孩子

许多父母看到孩子拿别人的东西，感到十分生气，往往不问原因就打骂孩子，希望通过惩罚措施来改正孩子的行为，结果往往让孩子产生抵触情绪和逆反行为。这是因为孩子的道德认识和道德判断是随着年龄的增长和心理的发展而慢慢形成的，所以父母对孩子喜欢偷拿东西的教育应该是让他明白自己的行为为什么是错的。父母应该问孩子"为什么喜欢拿别人的东西"，孩子可能会回答"那个东西好玩，但我没有""他也拿过我的东西""我觉得这没什么"，分析孩子答案背后的含义，针对他的心理特点，给他提一些具体的道德要求，敦促他照着去做。

2.给孩子贴上"小偷"的标签

一些父母在发现孩子喜欢拿别人的东西之后，会骂孩子是"小偷"，这无形之中等于给孩子贴标签，结果最大的作用就是强化孩子的行为或逆反之心。所以，父母不要轻易给孩子贴上"小偷"的标签，应反思自己的教养方式，思考应对孩子错误行为的措施，这样才不会给孩子的成长带来负面影响。

3.当场打骂孩子

一些父母发现孩子偷拿东西之后，会当场发作，当着很多人的面打骂孩子，完全不顾及孩子的自尊心。结果让孩子以后都抬不起头来，对其心理造成无法挽回的伤害。发现孩子有偷

拿行为，父母不要当面提及，应该把事情的影响范围缩减到最小，通过教育帮助孩子重新找回自尊。

小贴士

1.让孩子尊重别人的所有权

孩子必然会经历"自我中心"的成长阶段，不过父母需要尽早帮孩子建立"所有权"的观念，让孩子尊重别人的所有权。平时父母可以收好自己的物品，同时告诉孩子及时归置自己的物品。当父母需要向孩子借用纸笔时，应说："宝宝，妈妈想借用一下你的笔，可以吗？我下午就能还给你。"征得孩子同意之后，再把物品拿走，并且在归还笔时向孩子说"谢谢"。告诉孩子，哪些东西是爸爸妈妈的，哪些东西是宝宝的，这些东西，如果没经过本人允许，是不能随便乱拿的。

2.培养孩子抑制冲动的能力

生活中，父母需要培养孩子的自制力。比如，给孩子买了玩具，可以不马上给孩子，而是告诉孩子，当他有了好的表现时才能得到玩具。带着孩子一起出去做客，孩子没有乱碰东西，父母一定要表扬孩子的自制力。当然，父母首先需要做好榜样，平时生活中别总是占小便宜，若自己做错了也要及时道歉，这样才能让孩子形成正确的道德认知。

3.强化孩子的分享行为

如果父母发现孩子有偷拿东西的行为，也可以通过讲故事的方式来教育孩子，让孩子辨别什么是对的什么是不对的，鼓励孩子及时归还偷拿的东西。在生活中，假如看到孩子与其他人分享玩具或食品，父母应及时给予表扬和鼓励，强化他的分享行为，这样可以帮助孩子建立所有权的观念。

4.让孩子知道错了

孩子偷拿了别人的东西，父母要让他主动还回去，并且知道别人的东西不能随便拿，承认自己的错误，向别人道歉。这样会让孩子学会担当，有效杜绝孩子以后再犯类似的错误。

5.耐心和孩子谈话

父母发现孩子把别人的东西拿回来，别着急打骂，也别说孩子是"小偷"，这样会给孩子心灵造成阴影。父母首先需要问孩子这样做的原因，然后告诉孩子这样做是不对的，如果孩子需要什么，应该告诉爸妈，只要是合理的要求，父母一定会满足的，这样孩子以后就不会再犯类似的错误了。

6.适时满足孩子的要求

很多父母平时对孩子要求太严格了，孩子想要的东西也不肯买给他们。实际上现在许多玩具都具有益智功能，可以锻炼孩子的智力，也是孩子成长阶段需要的调剂品。父母不必对孩子那么苛求，孩子之所以偷拿别人的东西，有时就是因为父母不满足他们的需求。

孩子行为比较夸张

心理学家认为，从气质特征来看，胆汁质的孩子通常有着较为明确的目标，做什么事情都以目标导向为基础，他们个性独立，不喜欢向人寻求帮助。这样的孩子需要的是较为自由的空间，假如父母总习惯性地对他们加以限制，打击他们脆弱的自尊心，就会让他们积极主动的天性受到伤害。

小川这个孩子有点叛逆多变。妈妈感到这个孩子很复杂，一会儿温顺如羊，一会儿暴躁如虎。有一次妈妈带着他去旅游景点，由于到得比较早，当时景点的大门紧闭，周围没有一个人，再加上北方的天气，秋天早上已经很凉了。面对紧闭的大门，顶着瑟瑟的秋风，小川对妈妈说："妈妈，公园的门不高，这里又没人管，我们不要在这里傻等了，爬进去吧！"妈妈在想，孩子怎么能这样呢？

后来妈妈带着好奇心，上网搜看了相关文章，才发现原来小川是典型的胆汁质类型的孩子。这样的孩子外倾性比较明显，情绪兴奋性高，抑制能力差，反应速度快，精力旺盛，不过不稳重，喜欢挑衅，脾气暴躁。面对这样的孩子，该怎么办呢？

心理学家指出，胆汁质的孩子比较有主见，性格直爽，不拘小节，自我控制能力比较强，且有较强的支配力，不希望受他人的支配。他们最大的特点就是性格急躁，遇到事情容易作匆忙的决定。他们好像总是安静不下来，不是坐着乱动，就是四处走动，有时还会做出种种夸张的举动。

尽管胆汁质孩子的优点是明显的，不过其缺点也是显而易见的。由于他们比其他的孩子表现得更为勇敢，更容易对外界的刺激做出反应，因此在学校里，他们的表现往往更突出一些。但是他们也容易形成"骄傲""娇气"的性格，做事比较没有耐心，因此容易失败。

小贴士

1.提醒而不是批评

由于胆汁质的孩子精力比较充沛，积极热情，喜欢说话，同时他们喜欢惹是生非，因此父母对这样的孩子要提醒他们遵守纪律，学会控制自己的行为。即便想要对他们进行批评时，也需要注意自己的口气和语言，不要大声训斥，更不能激怒他们。假如父母由于孩子写作业写得很潦草，就大声对他训斥，有可能非但孩子不会好好写作业，反而会将作业本撕了，或是干脆不写作业了。

2.学会理解孩子

孩子需要爱，父母需要学会理解孩子。不过，在面对胆汁质类型孩子时，许多父母却容易失去耐心。实际上，这是父母没有给孩子足够的爱，不管孩子属于哪种类型的气质，都需要被爱。假如对孩子的教育离开了爱这个前提，那根本达不到教育的效果。

3.抑制孩子冲动的情绪，培养其耐性

胆汁质的孩子自制力和感情平衡能力都比较差，父母需要引导孩子磨炼他的耐心，用行为削弱其气质弱点。父母可以告诉孩子：在你作决定之前，可以咨询父母是对是错。当孩子没办法面对一些事情时，父母可以告诉孩子冷静的调节方法：深呼吸、放松。这样可以让孩子安静下来，从而达到培养耐性的目的。

4.父母要学会控制自己的情绪

父母不要强迫孩子去改变，任何气质类型的孩子都不应该因为父母的喜好而改变自己，这样的教育对孩子成长是极为不利的。假如孩子感觉到了强迫，他们会反抗。同时父母要控制好自己的情绪，不要向孩子的暴躁脾气屈服。当然，对孩子也不要语出讽刺，诸如此类的方式只会导致相反的效果。

5.保持安静和谐的家庭氛围

父母对待孩子的态度要平静，不过也要严格，和孩子说话要平和、冷静，切忌高声喊叫，帮助孩子克服不安静和急躁的特点。平时可以让孩子做一些安静的游戏，比如画画、下棋等，培养孩子的耐性和理性思维。假如孩子提出不合理的要求和愿望，父母可以进行"延迟满足"，培养孩子的耐心和自控力。

6.退一步思考

父母在面对胆汁质孩子发脾气时，不应马上处理，而是需要退一步去思考，孩子为什么要这样去做？孩子怎么会有这样的情绪？父母可以把这件事放到第二天去处理，同时引导孩子回忆自己做错事情的过程，这时不要用责备的语气，可以客观地询问孩子当时发生了什么事情，这样有利于帮助孩子跳出那种强烈情绪，理智地看待自己做错的事情。

7.给孩子讲道理，而不是摆架子

胆汁质孩子很容易发脾气，不过他们很讲道理。父母在孩子因为冲动犯错时，不要动不动就对孩子发火，在事情发生之后可以用缓慢的语速和平静的声调与孩子讲道理。父母这样做，孩子比较容易听话，那教育的成效也是比较大的。

8.培养孩子的注意力

通常而言，胆汁质孩子的情绪比较亢奋，很容易分心。在平时生活中，父母不要打扰正在专心致志的孩子；父母若是发现孩子的兴趣，那需要从兴趣上培养孩子的注意力，延长孩子的注意力时间；父母可以选择一个事物让孩子凝视，随着视野变小，孩子的意识和精神也就慢慢集中起来，心里也会慢慢地平静。

第 06 章

了解肢体行为，深谙孩子的无声语言

孩子除了用语言表达内心想法，还会用许多肢体语言，如果父母懂得这些就可以很好地解读孩子的真实心理。只要父母细心观察就会发现，孩子的肢体语言包含着成千上万的信息，父母可以从中辨别出孩子肢体语言所代表的含义。

孩子喜欢"抢"别人的东西

父母会发现，孩子在某个阶段会喜欢抢别人的东西，他们总觉得别人手里的东西是好的，不但抢父母手里的东西，有时候还喜欢抢其他孩子手里的不属于自己的东西。当孩子正在玩一个玩具时，他玩够了就会扔掉，然后又拿起第二个玩具玩。这时父母把之前那个玩具捡起来，孩子看到了便会扔掉第二个玩具，又开始抢父母手里的玩具。如此反反复复，对孩子来说，好像只有别人手里的东西才是好的。

有一次，妈妈带着楠楠一起去朋友家里，正好朋友家的孩子跟楠楠年纪相仿。大人们愉快地聊天，两个小朋友一起玩得很开心。但是，没过多久，妈妈就听到了楠楠的哭声，两个大人走过去看个究竟，原来楠楠喜欢上了别人的飞机模具，非要抢过来玩，抢不过就哭了起来。朋友上前去把自己孩子批评了几句，拿过玩具递给楠楠，楠楠不哭了，不过朋友的孩子却哭了起来。最后，还是妈妈承诺给楠楠买一个一模一样的玩具楠楠才罢手。

其实，平时妈妈也发现楠楠喜欢抢东西这一特点。有时候楠楠去小区里玩，虽然自己手里也拿着刚买的玩具枪，但看到别人手上有更新款的玩具，他便会直接冲过去抢。妈妈觉得，在楠楠看来好像东西都是别人的好。

父母看到孩子喜欢抢东西，会不自觉地认为孩子比较自私，长大后也会成为自私自利的人。但事实上，当孩子的自我意识开始萌芽，就会表现得以自我为中心。他们认为自己的东西是自己的，别人的东西也是自己的，所以看到喜欢的就会拿走，看到感兴趣的东西会霸占为己有。孩子因自我意识而抢东西，这是没有任何恶意的，是一种很正常的行为。

孩子喜欢"抢"别人的东西，大概是出于这样的原因：

1.感觉比较新鲜

毕竟孩子缺乏一些认知能力，看到别人手里的东西，心里觉得新鲜又好玩，忍不住想要自己抢过来。虽然他们内心并没有想要抢别人的东西，只是因为很喜欢，所以行为方面比较过激。

2.感到十分好奇

孩子对很多事情都是一无所知的，他们总想认识周围新鲜的事物。在很多新鲜事情的引诱下，孩子们的好奇心渐渐被激发出来了。别人手里的东西，如果只能远远看着，完全不能满足内心的好奇。所以，为了仔细看一下，他们便会忍不住想要拿来自己研究一下。但孩子并不懂得如何与对方商量，让对方把东西拿给自己，所以他们索性就开始抢了。

3.强烈的占有欲

孩子的自我意识渐渐萌发，容易以自我为中心，认为一

切东西都是自己的，他们完全没有意识到自己和别人是有区别的。出于自我意识的萌发，他们对很多东西想拿就拿，完全没有顾忌。换句话说，那些喜欢抢别人东西的孩子，通常有较强的占有欲。

小贴士

1.引导孩子认识归属者

父母需要有意识地帮孩子建立所有权的观念，比如，当孩子想要别人手里的东西，父母可以强调："这个玩具是东东的，你只能玩一下，不能带走，你玩一会儿要还给东东，你的玩具在家里呢。"这些话可以让孩子认识到东西的归属感，有所有权的概念。

2.告诉孩子要进行良好的沟通

看到孩子喜欢抢别人的东西，父母会直接制止："怎么能抢别人的东西呢？这是不好的行为。"其实，这样的话对孩子而言，他们并不太能接受。最好的引导，应该是告诉孩子应该怎么做，比如"如果你喜欢他手里的东西，你应该先问一下他愿不愿意把东西借给你玩一下，或者你有好的东西跟他交换着玩"，让孩子知道如何与人友好协商，而不是直接抢东西。

3.及时肯定孩子好的行为

当孩子尝试着去如何与人商量，父母需要及时肯定这样的行为。当孩子不是直接抢东西，而是友好地协商"我可以玩一下你的玩具吗？""我有一个玩具，不如我们交换玩一下，你愿意吗？"父母需要及时肯定孩子这样的行为，他们才会意识到这样做是正确的。

4.让孩子学会分享

孩子通常不愿意把自己的玩具拿给别人玩，这是很正常的心理。所以，当其他的小朋友想玩他的某个东西时，父母不应该强制要求他谦让给别人。而是让孩子学会分享，引导他愿意和别的小朋友玩，比如"你把这个玩具借给他玩一下，以后他有了新玩具也会借给你玩的，这样你们就各自有两个玩具玩了"。

5.别为了满足其他孩子而让自己孩子委屈

当孩子的东西被抢时，父母不要强行把东西从自己孩子手里抢过来满足其他孩子。因为这样时间长了，孩子就会形成思维定式，导致自己变得越来越懦弱，慢慢就会形成优柔寡断、不敢反抗、不会拒绝的性格。这时父母应该好好保护孩子，让孩子感受到爱的呵护。

6.让孩子学会换位思考

当孩子玩得正高兴时，突然抢走他手里的东西，然后问他："你的东西被抢了会难过吗？"孩子的回答是肯定的。那么，再告诉孩子，如果他抢走了别人的东西，别人也会感到很难过。当孩子感受到被抢的负面情绪之后，他就会真正地学会换位思考，为他人着想。

7.最好的教育在第一次

当发现孩子第一次抢别人的东西时，父母就应该及时教育，这样可以快速有效地将孩子不良的行为纠正过来，同时可以防止孩子在多次重复这种行为之后，养成根深蒂固的坏习惯。

孩子喜欢乱涂乱画

孩子到了某个阶段，就很喜欢乱画、乱涂，家里的床、墙壁，只要孩子够得到的地方都被涂鸦过。这时父母总会说"你到底在画什么，根本看不懂""乖乖，不要在墙上乱涂乱画""孩子，小草应该是这样画，来妈妈教你"，等等。事实上，孩子在这一阶段喜欢乱涂乱画是有原因的，父母应该认真对待这一现象。

孩子喜欢乱涂乱画是身心发展的一种外在表现，通常这一阶段的孩子处于涂鸦期至象征期的过渡阶段，这是孩子绘画的最初级阶段。对孩子来说，乱涂乱画只是一种活动，或是一种游戏，他们在这个过程中注重的不是涂画的结果，而是享受涂画的过程，从而获得心理上的满足和快乐。

当然，对于某些孩子而言，乱涂乱画是绘画兴趣的萌芽。有的孩子乱涂乱画，是因为喜欢画画，而且对绘画活动产生了浓厚的兴趣和爱好。一旦孩子有了兴趣和爱好，就有了想表现的欲望，就会想办法去满足这个愿望，于是就只有乱涂乱画。如果孩子产生了绘画的兴趣，但父母没有及时配备绘画的工具，那他们就会在自己认为可以绘画的地方涂画来满足自己的欲望。

李妈妈说，家里的墙壁就是孩子的画板。她以前总想试图去制止孩子画画，不过孩子爸爸会阻止，说别影响孩子们创作，墙壁可以重新刷过，但是孩子的灵感被抹杀掉就没有了，李妈妈想了想觉得这话有道理，所以现在家里好多家具上都有孩子的涂鸦作品。

6岁的童童喜欢乱涂乱画，家里的床头、墙壁以及门窗，只要他能够得到的地方都被他用彩色笔画过，章妈妈看孩子这么喜欢画画，就给童童报了一个绘画班。结果童童第一天上课，老师就告诉章妈妈："孩子一直不专心画画，他自己不画画就算了，还影响其他小朋友。"章妈妈感到纳闷，难道孩子不喜欢画画吗？但当童童回到家之后，又开始在墙壁上、柜子上画画。

许多父母会出现像章妈妈一样的烦恼，孩子明明喜欢乱涂乱画，不过真正送他去上绘画班时，孩子却没有表现出太大的兴趣。也有父母像李妈妈一样，任由孩子发挥灵感，宽容对待孩子的乱涂乱画现象。

乱涂乱画是孩子成长过程中必然经历的过程，孩子乱涂乱画并不是真的在绘画。许多父母看到孩子拿笔乱涂乱画时，就会想：是不是应该让孩子学画画了？这一阶段是孩子的涂鸦敏

感期，孩子们之所以喜欢乱涂乱画，是随着自己的感知与动作发展，对身边环境做出的新探索，是一种新的动作练习。

乱涂乱画是孩子的一种沟通手段，孩子最初的涂鸦都是无意识的，没有绘画构思和目的。不过，随着年龄的增长，孩子会逐步调整自己手部的控制力，从而利用乱涂乱画进行自我创作和情绪表达。并非所有的孩子都可以很好地表达真实内心，乱涂乱画成为孩子们的第二语言，乱涂乱画可以帮助孩子表达自我，与他人交流。

💙 小贴士

1.认真对待孩子的乱涂乱画

父母需要有耐心地去看孩子的乱涂乱画，不论是孩子一时兴起随便涂画，还是精心绘画，父母都要认真对待，努力站在孩子的角度去看他到底想表达什么。那些看起来稚嫩的作品，有可能是孩子一时的想象，可能是孩子当下的心情，可能是孩子未来的目标，可能孩子自己都没意识到自己在画什么。不过父母若能够认真欣赏，那就是对孩子莫大的肯定与关注，会给予孩子精神上很大的支持。

2.鼓励孩子

看到孩子乱涂乱画，需要及时给予孩子积极的肯定。不论孩子画得好不好，父母不应该说"你这画的什么呀，乱七八糟"，这样会打击孩子的自信心。而是应该不吝惜自己的赞美之词，赞扬一下孩子"你画得真棒，你说画的是什么？小草，哦，看起来真像，你告诉妈妈，你是怎么画出来的，教一教妈妈"。孩子获得赞赏之后，内心会得到由衷的满足，或许以后在这方面有特别的表现。

3.与孩子一起涂画

父母应该参与到孩子的涂画活动中，千万不能小看孩子的乱涂乱画，而要欣赏其中的童趣。父母应该抽出一些时间，与孩子一起涂画，这样既可以促进亲子关系，又可以适当引导孩子的想象力，比如太阳用什么颜色、画什么、如何布局等，可以与孩子一起合作完成绘画作品。当然，在这个过程中，需要以孩子为主，父母只需要参与就行，不能强制要求孩子画什么。

4.给予孩子内心的回应

有时候，孩子的图画里面可能隐藏了某些自己真实的情绪表达。父母在观察孩子的绘画作品之后，应努力感知孩子细腻的心思，然后给予一定的回应，比如"原来宝贝眼中的天空是如此绚丽多彩啊，小草还知道疼痛呢，嗯，真不错"。这样一来，一旦给予了孩子良好的回应，他未来在感知世界时会收获更多。

孩子为什么会"人来疯"

孩子进入幼儿期，常常会在人多的场合出现"人来疯"行

为，异常活泼，非常调皮，让父母感到手足无措。孩子人来疯的行为，指的是孩子在客人面前或在有陌生人的场合表现出一种近似胡闹的异常兴奋状态。比如，家里来客人了，孩子表现得十分高兴，一开始还能正常说话玩耍，渐渐地却陷入了一种近乎疯狂的状态，又吵又闹、上蹿下跳，让客人大为吃惊，父母也尴尬不已，但却不知道如何让孩子安静下来，担心孩子的行为会给客人留下不好的印象。

周末家里有客人来，王妈妈大清早就开始收拾屋子，准备食材，忙得没有工夫管6岁的儿子。儿子刚开始安静地待在客厅玩手机，不时还帮妈妈拿一下东西。

不一会儿，客人来了，王妈妈把客人请进屋子里，和好闺密很有兴致地聊起天来。这时本来安静的儿子却不安分起来，一会儿把电视机调到很大声音，一会儿又把手机游戏声放很大，或者在屋子里故意走来走去。王妈妈让儿子安静一点，没想到儿子还冲着自己做鬼脸，甚至一副"要你管我"的样子。王妈妈气得大声呵斥，但是根本没有用。最后，王妈妈只能让儿子回到他自己的房间，却听到儿子"砰"地一声关上了门。王妈妈感到很难堪，无奈地跟朋友笑了笑，朋友安慰说："没事，孩子都这样。"

许多父母都经历过孩子的"人来疯"，平时看起来很听话的孩子，忽然之间在客人面前或公共场所，变得非常亢奋，如一只脱缰的小野马，不仅大吵大闹，而且还蛮横无理。孩子为什么会喜欢"人来疯"，大部分原因在于七八岁的孩子本身就具有强烈的表现欲，喜欢给别人带来乐趣，希望得到别人的肯定和赞扬，不过，孩子在人们面前表现时又不能很好地把握分寸，结果就疯过头了。

那么，孩子为什么会人来疯呢？

1.缺乏自控力

孩子的自控能力才刚刚发展，所以不能有效地控制自己。他们平时的行为带有很大的冲动性，而且自控行为会随着场景而发生变化，一会儿好一会儿坏。当家里有了客人，父母会鼓励孩子表现自己，哪怕孩子表现过火了，父母也不应当着客人的面批评孩子。聪明的孩子感觉到父母的宽容，便会彻底释放自己的天性，所以不容易控制自己的言行。

2.孩子渴望得到关注

现实生活中许多父母因平时工作繁忙，很少带孩子出去玩，孩子在家里总是与爷爷奶奶一起玩耍，不然就是看电视、玩玩具，他们的交往需要得不到满足。所以，当家里来了客人，孩子会感到好奇、兴奋，终于有人关注自己了。这时候如果父母只是跟客人聊天，那孩子心里就会觉得被冷落了，便会有意识地做出一些偏常行为，从而引起别人的关注。哪怕这样的行为会引来父母的批评，他们也会感到满足。

3.父母太溺爱或太严厉

有些父母对孩子太溺爱，不论孩子的要求是否合理，总是给予

满足，这会让孩子变得自私、任性，在客人面前也不听父母的话，无理取闹；反之，有些父母对孩子太严厉，严重抑制了孩子爱玩的天性，当有人在场时，父母的注意力更多集中在客人身上，那孩子就会抓住机会来尽情表现自己。

4.客人表面的宽容

有时候，客人的宽容很容易引起孩子的"人来疯"。当孩子在表演的时候，客人会表面夸奖孩子，以此来取悦父母；或者主动逗孩子，即便孩子做得不好，客人也不会过分苛求，非常宽容和纵容，这样会让孩子更加兴奋，趁机做一些平时不太敢做的举动。

小贴士

那么，对孩子的"人来疯"行为，父母应该怎么办呢？

1.别当着客人面批评孩子

家里来了客人，当孩子出现"人来疯"行为时，父母不必着急，更不要当着客人的面批评孩子，这样会让孩子感到很难堪，很没面子，甚至会出现逆反行为。同时会让孩子感到只要客人来了自己就变得不重要了。孩子的自尊心需要受到尊重。

2.给孩子适当的表现机会

家里有客人来，可以给孩子适当的表现机会，比如让孩子唱歌、讲故事、朗诵诗等，然后告诉孩子："你的歌唱得真不错，下次再给叔叔唱一首更好的，好不好？"如果孩子很兴奋，还想继续表演，那父母可以暗示"叔叔喜欢听话的孩子，你先自己去玩吧"。

3.给孩子讲道理

家里客人来之前，父母可以先给孩子讲道理，不许"人来疯"，同时提出惩罚或奖励的方法。比如，假如孩子出现"人来疯"行为，就给予批评，取消周末野炊的计划等；假如孩子听话，没有出现"人来疯"行为，就及时表扬，满足其提出的合理要求。

4.多让孩子出门玩耍

父母想要减少孩子"人来疯"行为，可以多为孩子制造与外界接触的机会，带孩子多参加一些聚会，让孩子与同龄孩子玩耍，减少孩子看见陌生人的新鲜感。如果孩子不愿意与陌生孩子玩耍，父母也需要及时引导，让孩子慢慢感受到与人交往的乐趣，学会主动与人交往。

5.给孩子自由玩耍的时间

有的孩子平时看起来很乖，一旦有客人来了就出现"人来疯"行为。这时父母应该反思是否平时的管教过于严厉。如果是这样，父母就不要过多限制孩子的自由玩耍时间，给孩子买一些合适的玩具，引导孩子多交同龄朋友，让孩子活泼好动的天性得到充分解放。

6.别溺爱孩子

孩子出现"人来疯"行为在于缺乏自制力，所以父母在

平时教育孩子时要特别注意。对于孩子提出的要求，不能总是满足，特别是一些不好习惯，应该及时制止，不能纵容，养成孩子"以自我为中心"的心理。这样，孩子的自制力就会慢慢增强。

7.别冷落孩子

家里有客人时，父母与客人聊天的时候，别把孩子冷落在一边，这种时候应该让孩子学会招呼客人，比如帮忙倒茶，帮忙拿东西，有时也可以参加聊天，问一些孩子感兴趣的事情等。这样孩子可以感受到父母和客人对自己的喜欢，同时还能学一些待人接物的行为。同时满足了孩子的表现欲，也不会给客人造成难堪局面。

8.别过多关注孩子"人来疯"行为

父母需要避免强化孩子的"人来疯"行为，一家人保持统一的教育方式，在孩子出现"人来疯"行为时别过多关注孩子，假装什么也没看见。同时，也引导并暗示客人不要关注孩子的行为。这样，孩子觉得没趣自然也不会再用这种方式吸引注意力了。

孩子攻击性强

当孩子开始有了自我意识，知道了自己小拳头的厉害，于是就开始了打人这种攻击性行为。其实，人生来就具有一种内在的攻击倾向，比如孩子生气、情绪发作时会扔玩具；想吃东西了，妈妈要是动作稍慢了，孩子就会一把推开妈妈的手。孩子的攻击性是常见现象，在成长的特定发展阶段，有打人行为是可以理解的，只要父母恰当应对，打人行为就会消失。而且随着生理、心理的发展，如果父母正确引导，孩子的攻击倾向是能够转化为忍耐、坚毅等积极的品质的。不过，有些孩子的打人行为，会影响他们的正常社交，甚至导致他们无法继续上学，这就是问题了。

瑞瑞5岁了，上幼儿园中班，妈妈发现她最近脾气很大，只要不高兴或者自己的要求没有被满足，就动手打人。老师常常跟妈妈反映，瑞瑞在幼儿园，行为比较随意，大家一起正上着活动课，结果她就任性地去推一下前面的小朋友。到了下课，便会跟小朋友抢玩具，只要是她喜欢的玩具，就一定要抢过来。如果对方力气比较大，她就趁对方不注意打人或咬人。放学回家后，妈妈若问起来："你为什么要打别的小朋友呢？"她总会满脸不在乎地回答说："我就是要打他。"妈妈听了真是哭笑不得。平时孩子跟大人一起时也喜欢动手打人，妈妈当场批评了她，她也听得懂，也承认错误。不过，过不了多久就忘记了。

看见孩子喜欢打人，妈妈感到十分苦恼。

孩子喜欢打人，实际上是用这种攻击性行为来表达自己

的愿望或感情，有些父母认为孩子小不懂事，长大了自然会改正。其实这样的看法是有偏差的，父母需要正确对待孩子的攻击性行为，正确引导，这样才能让孩子自觉改掉这个坏习惯。

孩子为什么喜欢打人？

1.一种模仿行为

孩子的一些行为来自身边环境的模仿和学习，比如父母经常打孩子，电视节目里的各种打斗暴力行为，都会成为孩子学习或模仿的行为。

2.达到某个目的

孩子可能会通过攻击行为达到某个目的，比如抢到玩具，发泄情绪。孩子知道通过攻击会达到自己的目的，所以通过打人让其他孩子听从自己；通过打人可以赢得更多小朋友的跟从。如果孩子常常使用攻击行为，时间长了就会养成坏习惯。

3.情绪发泄

孩子喜欢打人有可能是挫折的发泄，当孩子做某件事情遭遇失败的时候，他很生气但无处发泄，便会通过打人、抢东西来平衡自己的心情。

4.为了吸引注意力

孩子的攻击行为也是吸引他人注意力的一种方式，有的孩子之所以喜欢打人，那是因为他在平时生活中不会得到老师、同学甚至父母的关心和注意。但是他需要这种受关注的感觉，所以通过打人来吸引他人的注意力。

5.争强好斗的性格

有的孩子喜欢打人，可能是因为性格争强好斗，当然这是比较少见的情况。大部分孩子喜欢打人其实跟年龄以及认知水平有很大关系。对攻击性强的孩子，父母需要特别注意，因为这种性格需要正确引导，才能让孩子逐渐改掉喜欢打人的坏习惯。

小贴士

1.了解孩子打人的原因

父母应该了解孩子在什么样的情况下以及为什么会产生攻击行为，然后否定其攻击性。比如孩子喜欢抢其他小朋友的玩具，那父母就应该要求孩子把玩具归还给小朋友，并告诉孩子打人是错误的，以此减弱孩子攻击行为的动机。

2.冷静对待孩子的打人行为

当孩子出现打人行为，父母需要冷静。假如孩子一打人，父母就表现得太紧张，对孩子的什么要求都答应，那孩子就会认为打人是有用的，这样只会助长孩子的打人行为。而有的父母表现太过激动，这样也会给孩子留下深刻的印记。

3.温和而坚定地引导孩子

当孩子打人的时候，父母应该用正确的态度，温和而坚定地引导孩子：打人是不对的，是不允许的。父母温和地告诉孩子这些道理，反复具体地讲，孩子就会知道打人是不对的，就

会慢慢控制想要打人的心理。

4.引导孩子养成良好的行为方式

父母可以以身作则，与长辈、邻居、朋友保持友好的关系，告诉孩子人生来应该属于群体，而群体需要协作而不是对立。比如，要想让其他小朋友喜欢自己，应该友好、团结，这样才能赢得小朋友的青睐。

5.别让孩子从攻击行为中获得好处

其实，孩子并不是故意打人来抢东西，这只是一种本能的自卫或是冲动。一旦孩子从攻击行为中获得利益，比如得到自己想要的玩具，那他就可能把打人和获得玩具联系起来，也就越来越喜欢用攻击行为来与其他小朋友交流。

6.提高孩子的自信

父母应该让孩子知道一件事，除了打人，还有其他的表达方式，或者好好说话，或者用良好的行为，就可以解决问题。一旦孩子懂得这些道理，自然就不会再选择攻击行为去解决问题。在这个过程中，父母一旦发现孩子细微的进步，应及时表扬，让孩子感受到爱，从而强大内心。

第 07 章

读懂语言行为，蹲下来听孩子说话

孩子的语言发展，在其思维发展中起着至关重要的作用。当孩子到了一定的年龄阶段，他们便会口出金句："妈妈，我从哪里来""哼，你又骗人""哎呀，你烦不烦啊"……这些语言看似平常，却透露了孩子对合适的家庭教育的需求。

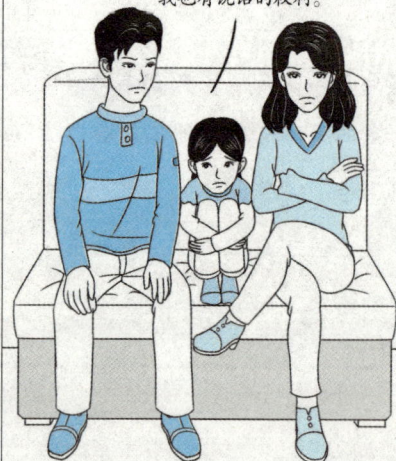

"妈妈，我从哪里来"

大多数父母对于如何对孩子开展性教育充满困惑，觉得回答孩子相关问题时很尴尬，不知道如何解答。有心理学家表示，不能刻意回避孩子关于性的问题，建议父母在自然的状态下引导孩子学习性知识。同时，在幼儿园阶段就应该开始对小孩进行性教育，而想要改变目前性教育的窘境，最关键的是要改变老师和父母的观念。

心理学家认为，性教育绝不是可有可无的，它的影响将伴随着孩子的一生，就好像弗洛伊德所说，你今天的状况和幼年有关。父母应该意识到儿童性教育的重要性，必须摒弃过去谈"性"色变的态度了，必须改排斥为循循善诱，即便尴尬，也不容回避这个严重的问题。

北京的一所大学对4个年级的学生进行了一次随机抽样调查，从影视作品、互联网、书报、杂志上获取性知识的占81%，而从父母那里获取的只占0.3%，少得实在可怜，约30%的母亲在女儿来月经之前没有告诉孩子月经是怎么回事和如何处理。很多父母没有性教育的经验，甚至自己就是性知识的"文盲"，当孩子问及性知识方面的问题时，扭扭捏捏，总是说些模棱两可、似是而非的话，即便有性知识的家长，也不敢和孩子开展关于性知识的对话。

据新闻报道，英国多塞特郡普尔市一名13岁男孩和一名14岁女孩偷吃禁果，导致这名女孩怀上身孕，生下了腹中的胎儿，因此男孩13岁就当上了爸爸，一举成为英国最年轻的父亲之一。诸如此类的事例并不仅仅只存在于英国，世界各地层出不穷的关于少年爸爸少女妈妈的新闻，震惊了社会。

中国父母在对孩子的性教育上有几个明显的误区：许多父母由于自己在成长过程中没有接受过性教育，因此他们按照自己的成长经验，认为孩子不需要性教育；父母对性的问题持回避以及排斥态度，他们担心说多了会诱导孩子，说少了又怕说不清楚；认为性教育是青春期教育；有的父母平时穿衣服不太注意，经常在家里穿着暴露，结果孩子耳濡目染，没有性别意识。

小贴士

对于孩子的性教育，必须重视以下三个阶段：

1.幼儿期——适度引导

幼儿期指的是3~6岁的孩子，实际上性教育最早到两岁开始。在这一阶段，孩子喜欢玩一些"性游戏"，比如接吻、结婚、生孩子、抚摸生殖器官。假如父母看到这样的情况，不要觉得紧张，孩子玩这些游戏只是对在生活中看到的事情进行模仿而已，父母不应该粗暴地打断他们。假如孩子发现抚摸别的部

位，父母都不会在意，唯独抚摸这个部位，父母态度马上紧张起来，孩子就会故意、经常抚摸那个部位，以引起父母的注意。

这时父母可以想办法分散孩子的注意力，比如玩游戏，而不是故意去打断他们。对能听懂话的孩子，可以告诉他们身体的某些部位是不能让别人看或触摸的，比如胸部、生殖器官，同时也不能看或触摸别人的这些部位。父母要有耐心地向孩子灌输自我保护的观念，嘱咐孩子假如有人触摸了这些部位一定要告诉爸爸妈妈。

假如是3岁以上的孩子，可以跟父母分床睡。年龄再大些，假如条件允许的话，尽可能分房睡，以免父母过性生活时对孩子造成负面影响。即便不能分居，也应该挂个帘子。

2.儿童期

6~9岁的孩子正处于性欲的潜伏期，容易受他人或传媒影响，接触到一些有关性的不正确的信息，这时他们需要父母的帮助以了解性别角色。父母最佳的教育方式就是当电视里刚好出现亲热镜头或报纸上的小故事时，借机对孩子进行性教育。这时父母势必成为孩子成长过程中最佳的性教育指导者，一旦孩子对性有了疑问的时候，孩子第一个想到的就是请教父母，而不是问其他人。

这一阶段父母要改变传统思想，认真解答孩子提出的关于性的问题，赢得孩子的信任。一旦发现孩子接触黄色视频，不要辱骂孩子，而要引导孩子阅读正确的性教育读物。

3.青春期

在孩子青春期，尽管学校会开一些专门的课程，不过父母并不能就此停歇孩子的性教育，反而需要更加放在心上，协助孩子度过青春期。进入青春期的年龄，女孩在10岁左右，男孩在12岁左右。

通常父母会对女孩比较注意，忽视对男孩的关注，主要是因为女孩有青春期来临的明显标志，比如月经来潮，而男孩就不会那么明显了。不过男孩也会出现遗精、变声、长喉结等现象。父母需要注意的是，青春期男孩会开始有自慰的现象。

这一阶段，父母可以引导孩子通过别的方式，比如运动来释放能量，减少自慰的次数，不要给青春期孩子穿太紧的衣服，比如牛仔裤，建议他们穿宽松的裤子。父母可以多给孩子拥抱、拍肩膀等动作，给孩子一些亲密的触碰，有助于减轻孩子因青春期身心变化而带来的焦虑。

"哼，你又骗人"

培养孩子诚信的品格，父母的示范作用是极其重要的，尤其是经常陪伴在孩子身边的妈妈，自己的行为举止更是有一种表率作用。有的妈妈喜欢给孩子开一些空头支票，却从来没有真正地兑现过，时间长了，孩子就会觉得上当受骗了。如果妈妈说话都不算数，那么孩子也不会信守承诺且孩子不会把妈

妈的话当回事，等到你再做出类似的承诺，孩子会指着你喊："骗子，骗子，我再也不相信你说的那些话了。"试想，当一个妈妈听到孩子对自己这样评价，心里又会怎么想呢？而且，妈妈不信守承诺的行为会成为孩子的模仿对象，使孩子沾染上说谎的坏习惯，这会影响孩子一生的发展。

孩子很早就嚷着去爷爷家玩了，妈妈为了不再听到他整日嚷嚷，就向孩子承诺："你这周好好听妈妈的话，如果表现好，周末妈妈就带着你去爷爷家。"孩子兴奋地走开了，爸爸笑着说："对孩子许下的承诺，你到时候可要兑现啊，否则孩子就会因上当而愤怒，说不定还养成撒谎的坏习惯。"妈妈不以为然，说道："小孩子而已，那么较真做什么。"结果，周末因妈妈工作忙没能兑现承诺，孩子觉得很憋屈，更让他难过的是，妈妈对此连一句安慰话都没有。

此后一段时间，孩子对爸妈的话爱答不理，如果妈妈又说："宝贝，妈妈准备周末带你去爷爷家里玩。"这时孩子不屑一顾："哼，又骗人。"说完，就回自己的房间了，剩下妈妈在发呆：这孩子，怎么这样？

孩子正处在了解社会、了解世界的成长期，他们既没有辨别的能力，也没有清晰的是非观念，如果妈妈长期言行不一致，就会使孩子形成不正确的处世观念，继而影响到孩子的一生。如果妈妈要求孩子做到的，自己却没有做到，孩子以后就不会听从妈妈的教诲，也不再相信妈妈许下的任何承诺了。而且，言行不一致的妈妈在孩子心中往往会没有威信，这会严重影响家庭教育的施行，影响妈妈在孩子心中的形象，影响妈妈与孩子之间的感情。所以，妈妈一定要注意自己的言行，在孩子面前做到言行一致，信守承诺，为孩子做好优秀的表率，做一个说话负责任的好妈妈。

小贴士

1.妈妈要言出必行，言行一致

妈妈总喜欢对孩子说："你要好好听话哦，这次表现好了，妈妈会带你去玩。"孩子一直视妈妈为学习榜样，对妈妈许下的承诺也是坚信不疑。但是，许多妈妈许诺很容易，但兑现诺言却比登天还难，在事情过后，妈妈们已然忘记了自己的诺言，等孩子质问起来，有的妈妈打起了太极："妈妈好像没有说过吧，可能是无心说的，你不要当回事。"这样，孩子不仅会感到失望，而且还会有一种上当受骗的愤怒情绪。所以，妈妈要说负责任的话，说出的话就要做到，坚决做一个言行一致的妈妈，给孩子做好榜样。

2.不要轻易许诺

孩子也喜欢听好话，喜欢听到带着某种奖励的话，于是，在日常生活中，有些父母常常为了诱导孩子去做一些事情，就轻易许诺，但事后却忘得一干二净，孩子所希望的落空了，他们惊讶地发现父母是个大骗子。其实，小孩子做事是需要一定

的诱导的，但是，父母们要切记，许诺时要思考自己是否能兑现诺言，如果难以兑现，最好就不要许诺。其实，父母轻易许诺但不兑现诺言，这样做不利于培养孩子诚信的品格，孩子容易产生一些不良的想法：为了达到目的，说话夸张一点也不要紧；妈妈对自己撒谎，自己被欺骗了；妈妈会失信的，以后也不能听信妈妈的话；撒谎是被允许的。这样，孩子就会受到父母的不良言行的"污染"。为了使孩子形成诚信品格，父母不应轻易许诺，一旦许诺，一定要兑现自己的诺言。

3.不要试图以谎言来教导孩子不要说谎

有的妈妈说话很不负责任，她会警告孩子："如果你再撒谎，妈妈就用针把你的嘴缝上。"这时候，妈妈就要反思了，你的话是否也是个谎言呢？如果孩子真的撒谎了，你会缝上他的嘴吗？回答显然是不可能的。妈妈有时候也会说一些谎言来教导孩子不要撒谎，实际上你所说的话就是谎言。当你的谎言被孩子拆穿之后，孩子就会对你失去信任，这样根本不可能培养孩子的诚信品格。所以，父母要用正确的言行来引导孩子不要撒谎，而不是用谎言来教育孩子不要撒谎。

"哎呀，你烦不烦啊"

唠叨，基本上表现为机械地重复陈词滥调，类似的话需要反复说很多遍，而且几乎是每天都在说，就好像一只讨厌的苍蝇一般。有时父母的唠叨，孩子直听得耳朵"磨"出老茧，身心也被折磨得急躁不安，这容易使孩子心烦意乱，没办法进入正常的学习状态。而且，父母唠叨的内容大部分指向的是孩子的弱点和缺点，没完没了的数落和冷嘲热讽，大多是"不许这样""不要那样"等，让孩子感觉到不受尊重。

而且，父母过分的唠叨会让孩子产生自我保护式的逆反心理，他们会采取消极对抗、沉默不语，甚至与父母针锋相对的做法。心理学家认为，没有十全十美的孩子，也没有十全十美的父母。假如父母苛求完美，唠叨个没完，不仅会让孩子感到厌烦，也不能让孩子真正听话。

心理学家认为，父母总反反复复说同样的话，会让孩子产生一种习惯性的模糊听觉。即明明在听，却怎么也听不进心里去，这是长时间重复听同样的声音而产生的一种心理上的不在乎。重复性的唠叨只会让孩子心烦，同时对父母的唠叨产生依赖感，渐渐地，父母不唠叨，孩子的事情就做不好；而批评性唠叨容易加重孩子的心理负担，让孩子对自己越来越缺乏信心，甚至产生强烈的逆反心理；随意性的唠叨会让孩子养成注意力不集中的习惯，孩子对需要记住的事情也经常当成耳边风。

尽管父母有责任对子女的不当言行及思想进行批评教育，不过一定要注意形式，不要没完没了地唠叨。因为唠叨不仅起不到效果，反而会产生许多负面的影响。

小贴士

1.切勿信口开河

父母在对孩子进行说教时，切勿信口开河。比如，规定孩子做好作业再开饭，不过有的父母尽管讲出去了，但心里又担心孩子肚子饿，就会忍不住说出："你饿不饿？""快吃快吃，饭都凉了。你到底还想不想吃饭？"这样自相矛盾的话。这会导致父母在孩子心中留下"说话不算数，没有威望"的印象。所以，父母在开口前要经过一番理智的思考，不能信口开河。

2.不要每件事都唠叨

尽管父母喜欢对孩子讲话，但是许多话并没有说到点子上。对每件事情都反复强调叮嘱，反而会搞得家庭上下不得安宁，父母为孩子不听话而生气，孩子在繁杂的语言环境中安不下心来做功课，结果往往是适得其反。

3.不要命令式唠叨

父母多和孩子说悄悄话，声调尽量低，这是家庭关系和谐的一个重要因素，同时利于避免气氛恶化。假如让孩子做什么事情，父母可以用亲切的语言在他身边轻轻地告诉他，特别是对于年纪较小的孩子，这不是命令，而是感情的信任。事实上，悄悄的一句话比大声呵斥的作用大得多。

4.孩子需要指导，而不是唠叨

父母的指导是言简意赅的，亲切的，这是一种促进和鼓励孩子独立处理问题的方法，有利于使被指导的孩子情绪稳定，心情愉快。而唠叨带有责怪、警告的成分，表现了对孩子的不尊重和不信任。唠叨让孩子厌倦、反感、苦闷，会让孩子形成惰性，不说几次，孩子就不会去做，这是一种恶性循环。

"我不知道"

生活中，许多孩子面对一些问题，总会手足无措，说："我不知道。"他们无法独立作决定，也无法判断这件事情到底该如何做。这实际上是孩子缺乏自立教育的结果。自立就是掉进坑里后，自己能够勇敢地爬出来；自立就是遇到困难时，自己想办法解决；自立就是遇到挑战后，自己勇敢承担；自立就是在面对困难时不被压倒，遇到厄运不低头。在犹太法典上写着这样一句话："5岁的孩子是你的主人，10岁的孩子是你的奴隶，到了15岁，父子平等，就没有孩子了。"

聪明的父母是这样教育自己孩子的：在孩子四五岁的时候，就让孩子从茶几上跳到父亲的怀里，然后父亲紧紧地抱着孩子，一次，两次……突然有一天父亲不再抱孩子了，让孩子摔在地上，这时父亲就对孩子说：请记住，除了你自己，不要相信任何人，不要依靠任何人，一切只能靠你自己。

苏菲最害怕一个人在家里，假如遇到意外情况，苏菲就会

手足无措，不知道该怎么办才好。每次和爸爸上街，她总是喜欢被牵着走，若是爸爸让她自己挑选玩具，苏菲会说："我不知道，你觉得哪个好啊？"爸爸察觉到女儿对自己太过依赖，独立性太差。

有一天，苏菲要去买书包，爸爸问："是买粉色的，还是买蓝色的？"苏菲说："我不知道。"爸爸只好说："你自己决定吧，以后，只要是买你的东西，都要自己决定。"爸爸还鼓励苏菲自己整理房间、打扫卫生、种花等。现在苏菲独立多了，都可以自己洗衣服，用电饭煲煮饭了，即便有时一个人在家也可以照顾好自己。

孩子具有了自立的性格，才能够快速适应独立的生活。父母希望孩子放弃对自己的依赖，就需要注重对孩子自立性格的培养。自立的性格是孩子学会独立、自主生活的关键，假如孩子在性格上喜欢依赖父母，不能承担责任，不会独立思考，就无法在未来的人生路上走得更好。

孩子缺乏自主的个性，主要是因为被过度保护。父母是孩子最强大的保护伞，孩子只要遇到困难，总是想寻求保护，于是孩子就在这样的保护下失去了自我判断力、自我抉择能力、自我思考能力。父母应该明白，最听话的孩子，并不是最好的孩子，父母不要随意插手孩子的事情，要把判断和选择的权利交还给孩子。

父母希望孩子有个美好的未来，就不能每件事都满足孩子的愿望，这样容易让孩子产生依赖，无法自主、独立地去做事情。这样的孩子害怕遭遇挫折、承受压力，害怕尝试新事物，无法面对突发的事件。培养孩子自立的性格，需要父母学会放手，因为孩子必须学会选择、承担，能够自我服务，不盲目听从他人的意见，孩子需要长大，需要学会独立。所以，父母不要担心孩子会吃苦，而要让孩子早日独立、自主地生活。

小贴士

1.允许孩子不听话

父母需要允许孩子适当不听话，不讲理，因为这表示孩子已经具备了独立思考的能力。当孩子不愿意服从父母的命令时，父母需要鼓励孩子说出自己的想法，只要孩子的想法是可行的，就可以按照他的想法来，只有父母放手才能培养出孩子的独立性。当孩子不可理喻的时候，父母不妨反思：我说的真的是孩子想要的吗？一个每件事都听从父母话的孩子，大多数只是在盲从他人的意见，并不值得夸奖。

2.避免给孩子定太多的规矩

假如父母希望培养孩子自立的性格，那就不能定太多的规矩。因为孩子想要获得独立的性格，更多需要的是自由，父母总是定规矩，那孩子的个性就会被束缚。比如犹太孩子就有很多自主权，父母通常只告诉他：做完作业再玩。后来父母再告诉他：照顾好自己。结果孩子从小到大都做得很好，不会让父母操心。

父母没有严格管制他，不过这样的孩子却成为了别人眼中的优秀孩子，给人印象最深刻的是：自立自强。不管是生活还是学习，犹太孩子都能打理得井井有条。孩子想要自立，就要多一些个人空间，父母减少规定，就会让孩子拥有更多的自由，而自由的氛围是利于孩子"自我"，也就是自主性的发展的。

3.避免对孩子进行处罚

假如孩子每次违背规矩都要被处罚，那这处罚就是对孩子心灵的一种打击。由于孩子对处罚生出了恐惧，那他们就宁愿放弃个性以及自主性了。犹太父母的建议是，父母对孩子的坏习惯，不管制不行，管严了也不好，父母需要给孩子提供一个远离处罚的环境，从而让孩子远离处罚。

4.让孩子对自己负责

独立的个性可以让孩子更积极地管理自己，孩子需要摆脱被动地听话，等着他人来帮自己作决定。通常来说，那些不具有独立性的孩子，会不自觉、不自律地生活，长大后就会被社会淘汰。父母需要让孩子学会自己的事情自己负责，自己解决，管理好自己的生活。孩子只有学会了自律，才能更加独立、自主地决定生活方式。

5.父母不参与孩子的个人事务

对于孩子自己的事情，父母要鼓励孩子自己解决，别随意插手。尽管孩子的选择有幼稚、不完善的地方，但是父母要清楚，即便再不成熟的决定，那也是孩子自己的决定。孩子需要这种自我选择、决断的机会，而孩子也会在失败中走向成熟，其个人独立性也会得到有效提升。

"我也有说话的权利"

许多父母在孩子面前都是高高在上的姿态，言行举止中透露出作为父母的威严与不容侵犯。于是，对面的孩子显得战战兢兢，在与父母的相处中，他学会了不讲道理，学会了"镇压"的方式，他甚至学会了父母的沟通方式。在孩子的嘴里，也经常蹦出"闭嘴，我不想再听了""你跟我说再多还是没有用，我已经决定了"等这样一些字眼。父母感到诧异，孩子怎么会用这样一种语气与自己沟通呢？要么，有的孩子对父母完全关闭了自己的心灵之门，无论父母怎么劝说，孩子就是不肯说出自己内心的想法。

出现这样一些现象，都是因为我们的父母在很多时候，都习惯以高姿态来教育孩子。他们认为孩子什么都不懂，在很多事情上，父母擅自做主，不允许孩子有一点点逆反的意思，如果孩子提出了异议，父母就会大手一挥："你懂什么，该干什么就干什么去。"这样一种高姿态扼杀了孩子想表达的欲望，也割裂了父母与孩子之间亲密的关系，继而给双方的沟通带来一些阻碍。

放学回来，爸爸叫豆豆赶快去写作业，豆豆磨蹭着脚步，嘀咕着说："爸爸，我先把这本课外书看完，行不行？"正在

为工作而闹心的爸爸有点不耐烦地说："爸爸叫你去写作业，你就去写，不要在那里啰里啰唆，也不要在那里讨价还价，明白吗？没有看到爸爸正忙着呢。""我也有说话的权利。"豆豆小声地说道，就赶紧溜回了自己的房间。

正准备发火的爸爸听到了孩子的那句话，有些不可思议："你一个小孩子，有什么说话的权利？爸爸说这些话都是为了你好，你年纪还小，又没判断力，得听爸爸妈妈的。"

把孩子放在平等的位置，与孩子成为朋友，这些道理父母都懂，但是，在与孩子沟通的时候，父母还是会犯一个严重的错误。父母始终把孩子摆在了自己的对立面，他们认为自己说什么，孩子就得听什么，凡事以自己为标准，有的父母甚至不知道怎样去放下自己的身段和孩子在平等的高度上自由地交流。

其实，孩子的心灵世界，远比父母想象的还要丰富，也比想象中更敏感，孩子会用自己的标准去判断事物的好与坏，去衡量自己在父母心中的位置。所以，要了解孩子，与孩子进行顺利沟通，并不是说几句简单的话就有效果，而是需要父母放下自己的高姿态，把孩子摆在与自己同等的位置上，这样才能进行有效而顺畅的沟通。

小贴士

1.平等沟通，父母才更受尊重

父母要想自己的想法被孩子所接受，就要找准自己的位置，放下自己的高姿态，与孩子进行平等沟通。父母与孩子的平等沟通，不仅要求位置与角度都与孩子们一致，而且思想观念上的一致，父母要尽可能地与孩子站在平等的位置上交流，了解孩子的思想，这样才能真正地了解孩子的所思所想，与孩子实现更有效的沟通。

有的父母说自己的孩子越来越不听话，这时候，父母应该反思自己的教育方式，自己对孩子了解多少呢？是否与孩子进行过平等的沟通呢？孩子有自己的想法和意见，若父母发现了孩子想表达的欲望，就要循循善诱，让孩子大胆地表露出自己的想法，对于孩子的想法，父母如果觉得合理，可以给予支持。当父母实现了与孩子的平等沟通，父母才会更受尊重。

2.蹲下来，做孩子的朋友

父母感觉孩子会处处与自己作对，孩子感觉父母处处限制自己的自由，追根究底，就是父母没有能成为孩子的朋友。要想了解孩子更多，与孩子进行更加有效的沟通，就要放下自己的高姿态，做孩子的朋友。当你把孩子当成了朋友，与孩子平等地相处，孩子也就会用心倾听你的教导，这样不但调动了孩子的积极性，也会让孩子意识到学习的乐趣，这比打骂教育更有效。在你与孩子成为朋友的过程中，孩子体会到了尊重，体会到了与你相处的快乐，作为父母，你收获的是否会更多呢？

第 08 章

读懂个性行为，培养孩子的性格优势

心理学家认为，孩子的性格特点实际上是父母性格的写照，有的则是父母训斥和管教的产物。可以说儿童时期是性格培养的关键时期，而父母是孩子的第一任老师，父母要善于对孩子进行正确的教育，发现和引导孩子的性格优势。

"我总是在怀疑什么"

怀疑型孩子天生就被一种焦虑和不安全感笼罩着，在幼年时期他们最重视的就是自己的父母，害怕自己受到父母的冷落，得不到父母的支持。所以，孩子敏锐的洞察力是从预测父母的态度开始发展的，且在察言观色的过程中学会了犹豫不决。

这样的孩子在童年时期有一种无助感，总感觉自己是被孤立的孩子，随时充满了焦虑，长大后，又逐渐从焦虑情绪中发展出怀疑的特质。所以，孩子对父母的感情是充满矛盾的，一方面获得肯定想要服从，另一方面又因为未能获得信任而开始蓄意反抗。

小艾从小就是一个敏感多疑的孩子，尚处于婴儿时期，爸妈如果假装生气说了几句话，她就会哇哇大哭。到了两三岁，由于爸妈很忙，小艾就跟爷爷奶奶生活在一起，也更加敏感多疑。有时，她会呆呆地问妈妈："妈妈，你爱我吗？"妈妈这时总把小艾搂在怀里，安慰说："你是妈妈的小棉袄，妈妈怎么会不爱你呢？"

上学之后，爸爸妈妈更忙了。小艾性格越来越内向，她经常看到同学几个凑在一堆说笑，不时看看自己，她就怀疑：他们是在说我吗？大家都不喜欢我吗？而小艾回到家之后，总是爷爷奶奶在家，她害怕，甚至开始怀疑自己是不是爸妈亲生的孩子。否则，爸妈怎么会不爱自己呢？

小艾是典型的怀疑型孩子，几乎从她出生开始，就会下意识地寻求家中保护者的认同以获得安全感，这个保护者可能是父亲，可能是母亲，也可能是其他人。他们会强有力地内化自己与这个保护者的关系，而且在整个成长的过程中维持和这个人的关系。假如孩子认为这个人是慈爱的，可以为自己提供勇气，那孩子在长大后也会从其他人那里寻找相似的指导和支持。他们会尽自己的最大努力来取悦这些人或是群体，尽职尽责地按照既定的原则和指导方针办事。

假如在孩子看来这个保护者是暴力的、不公正的，那孩子将会认为自己总是无法与他们认为强于自己的那些人相处，所以对生活充满恐惧，担心自己会受到不公正的处罚，这时他们就会采取防御措施，对保护者采取极端的态度。

小贴士

1.引导孩子说出心里话

有时候孩子只是一个人胡思乱想，处处猜疑，他们就好像活在自己的世界里，关闭了心灵沟通的大门。如果父母不想办法与孩子进行心灵上的沟通，无法了解到孩子心中所想，那即

便给予孩子再多的爱，孩子也是不快乐的。

2.尽量多抽时间陪陪孩子

孩子的内心已经十分敏感，父母稍微有一点点疏忽，都会让孩子觉得父母可能不爱自己了，他们总会幻想出一些没人爱自己的孤独画面，这更加重了他们的怀疑。所以，不管父母有多忙，要尽量多抽出时间陪伴孩子，让孩子切实感觉到父母是爱自己的。

3.鼓励孩子

孩子对这个世界的一切怀疑都源于内心的不自信，内心自卑导致了其敏感多疑的性格。在生活中，父母要尽可能鼓励孩子，当孩子完成一件事情之后，称赞孩子"宝贝，你真棒""宝贝，这件事你做得很对""宝贝，妈妈很爱你"。父母的鼓励可以令孩子开心，从而增强其自信心。

4.尽量避免责备孩子

怀疑型的孩子是极其敏感的，他们总会怀疑一切不存在的问题。当然，这并不意味着孩子的父母对孩子漠不关心。即便父母很关爱怀疑型的孩子，也可能令孩子在某一瞬间产生得不到信任和支持的失落感和恐惧感，其根源是不容易察觉的，可能只是不经意间的一次责备、一次敷衍，就可能导致孩子胡乱猜疑。毕竟孩子的气质是天生的，他们那敏锐的感觉是父母不容易捕捉到的。

"我是孩子王"

领导型的孩子坚信所有的事情靠自己，很少依赖别人，不过他们希望所有人依赖他们。假如他们发现某些人身上有自己看不过去的行为习惯，或是某些人做了他们认为不对的事情，他们就会马上指出来，完全不考虑具体的情况和周围的环境，也很少会考虑对方的感受。

当然，孩子的领导才能是各种能力的综合，在他发挥领导才能的过程中，其综合分析、创造、决策、应变、协调、语言表达等能力都得到了相应的锻炼。当然，孩子身上所体现的出来的领导才能并不同于成人群体中的领导才能，而更多的是自信和成就感。一个孩子如果具备了一定的领导能力，那么他在交往、应变、语言表达能力等方面都会远远超过同龄的孩子，这样在他身边的孩子就会对其产生一种亲切感、信赖感和佩服感。

小坤从小就是一个孩子王，他好像天生就对权力特别着迷，而且永远精力充沛。在与身边的孩子相处时，小坤的支配欲就开始蠢蠢欲动，他恨不得把周围的小朋友都收在自己的麾下，总是指挥他们，"小胖，这次捉迷藏你负责来抓我们，不要偷看啊""花花，你把我们的衣服拿着，别丢地上了，弄脏了""妈妈，快帮我把牙膏挤好"……而且在与小伙伴相处时，他好像不会考虑其他小朋友的感受。所以，经常有其他小朋友向小坤妈妈告状："阿姨，小坤欺负我，呜呜……"每到

这时候，妈妈就特别无奈，该怎么办呢？

小坤是典型的领导型孩子，在他那幼小的心里总以为自己是蜘蛛侠，是拯救全人类的勇士。这种性格的孩子对权力特别着迷，在他们看来只要自己掌控整个局面，就能获得安全感和成就感。平时生活中，他们总是精力充沛，而且难以屈从于别人，在他们看来，向其他孩子低头，那就是降低自己的地位，是放弃自己的权力或需要的东西。当然，这会导致他们严重的自我膨胀，有时难免会伤害到其他孩子。

领导才能对孩子未来发展有极大的帮助，一个习惯于做孩子王的孩子，他能在未来的人生中扮演独当一面的角色，甚至带领着自己的团队，因为他过早地接触了领导才能的方方面面。另外，领导才能对孩子当下的表现也有很大的帮助，那些具有领导才能的孩子往往担任了学习上的领导者，比如，班长、中队长之类的职务。而且，他们在课余活动中表现出来的领导才能比智力或学习成绩更能准确地预测他们将来的成就。

假如孩子具备领导型性格，或者其领导型的气质崭露头角，那父母应该予以正确的引导。若孩子没有这样的性格特征，那父母也可以通过有效的办法培养其领导才能。

小贴士

1.培养孩子的决策能力和创新能力

父母常常把孩子看作是没有想法的附属品，其实，孩子也能够感受到"自我"和"自我存在"，他们也经常为"什么都得听父母的"而烦恼。在这样一种有着强烈自我意识的心态下，孩子渴望独立行动并开始了决策。所以，随着孩子年龄的增长，父母要摒弃事事包办的习惯，尊重孩子的兴趣选择、价值判断等各方面的权利，给予孩子最大的信任，指导并帮助孩子独立自主地发展。

创新能力是一个领导者不可缺乏的素质，其实，创新能力隐藏在每一个孩子的身上，即便是年龄很小的孩子，他也有一定的创造力。这时候，父母应以奖赏的方式呵护孩子的好奇心，激发他内心的探索欲望，这样有助于培养孩子的创造性思维能力，也可以不断地增强孩子的自信心。

2.培养孩子的沟通能力

领导者总是吩咐别人来做事，这就需要领导者具有比常人更优秀的沟通的能力。领导者要有理解别人的能力，与人沟通，协调同伴之间的矛盾和冲突，解决发生在内部的分歧，让大家都朝着一个方向努力，这样，领导者才能赢得别人的尊敬。所以，在日常生活中，父母需要培养孩子的沟通能力，在家庭活动中，锻炼孩子的小主人意识，让孩子懂得理解别人、团结别人，培养与别人沟通的能力。

3.培养孩子的责任意识

领导者是有一定的责任意识的，他会为自己团队的成功与失败负责。对于孩子来说，他的责任意识就表现在他对自己、

对他人以及日常生活中各种事情的态度上。所以，为了培养孩子的责任意识，父母不仅应该要求孩子自己的事情自己去做，还需要让孩子懂得对自己的言行负责，比如，当他要去做一件事情的时候，就必须认真完成，这就是一种负责任的行为。

4.培养孩子的自信心

大多数孩子都有一定的依赖性，这其实是他们丧失自信的一个重要原因。孩子缺乏了自信，因而总不敢单独去完成一些任务。所以，当父母吩咐孩子去完成一件事情的时候，要学会鼓励孩子："我知道你一定能做得到的。"如果孩子取得了成功，父母要给予夸奖："你果然做到了，真了不起。"当孩子听到了这样的话，自信心就会大增。孩子对自己的能力充满了自信，他就能够独立思考、独立行动，尤其是当孩子参与同龄孩子的活动时，他就会敢于参加，而且有一种必须成功的劲头。孩子有了一定的自信心，他就会有自信去领导自己的团队。

"我莫名地想哭泣"

多愁善感的孩子喜欢流眼泪，他们好像总是心事重重，甚至在很多时候背着父母流泪。在平时的生活中，这样的孩子往往感情细腻、复杂，经常想得很多，顾虑也很多。由于孩子都是家里的宝贝，父母或多或少对孩子都有迁就，特别是老人，为孩子包办得过多，所以造就了孩子强烈的自我意识和依赖思想，似乎受不了一点委屈，凡事总为自己考虑，稍微有一点不如意就开始哭，开始耍脾气。

此外，父母遇到事情需要往好的方面想，乐观一点，否则孩子也会耳濡目染，最后建议父亲要多花时间和孩子在一起。毕竟，和父亲在一起，孩子会更加坚强，更加勇敢，尽管母亲也会教导孩子，不过在这方面不如父亲的榜样作用有效，所以父亲可以多陪陪孩子。

小贴士

1.转移注意力

对于家中发生的一些事情，如小鸡死了、养的花枯萎了、养的小猫跑了等，如果父母在孩子面前表示出过分的惋惜、难过，那么孩子也会受到影响。孩子有了这种情绪是痛苦的，不过，仅仅凭语言解释和安慰是不够的，比较好的办法就是转移注意力，如带孩子去逛逛超市，买点零食回家吃；到书店逛逛，买几本书回家看看；到玩具店买几样玩的东西回家玩玩，缓解痛苦的情绪。过段时间，孩子的情绪就会好转了。

2.多看到孩子的优点

通常那些多愁善感的孩子担心被别人否定，因此，父母要

多关心孩子的优点，并常常以欣赏的语气鼓励他，孩子得到了肯定，就会增强自信心，其性格也会慢慢开朗起来。在平时生活中，父母需要细心观察孩子的喜好，努力挖掘孩子的潜能，然后创造条件让孩子有展示、表现自己的机会，一旦孩子获得了成功的体验，就会逐渐强大起来。

3.语气平和地安慰孩子

多愁善感的孩子往往感情细腻、复杂，经常想得太多，而且顾虑太多。当孩子多愁善感时，父母首先要语气平和地安慰孩子，向孩子表示自己的感受和他是一致的，与孩子产生感情上的共鸣，让孩子意识到父母是与自己一起分担忧伤。当然，父母可以利用时机，以孩子伤感的事物作媒介，理智、科学地对他进行教育，这样有利于孩子学会较为冷静、恰当地面对人生的挫折和不幸。

4.让孩子明白哭是没用的

当孩子由于多愁善感而掉眼泪时，父母要让孩子知道哭是没有用的，解决不了任何问题，即便哭得昏天黑地也不能改变事情的最后结果。告诉孩子，正确的做法就是把眼泪擦掉，勇敢面对，坚强地迎接新的生活。

5.不要总是指责孩子

多愁善感的孩子大多数缺乏自信心，父母不要总是指责孩子，这样的教育方式是不妥当的。因此，当孩子不会做某件事时，父母要向孩子解释和示范如何做才是正确的，孩子会做了，父母就会少一分担心，多一分乐观，而孩子也敢于积极地去尝试。

6.尽可能与孩子多商量

如果希望多愁善感的孩子变得坚强，父母不要总按照自己的意愿来要求孩子，让孩子言听计从。有任何事情都要尽可能与孩子商量，特别是孩子自己的事情，父母一定要尊重他的想法，多听取孩子的建议。

7.营造轻松、欢乐的家庭氛围

平时，父母要注意营造轻松、欢乐的家庭环境和氛围，孩子从小就要有一个良好的生活环境。比如父母经常说说笑话，说些有趣的事情，对于悲伤的事情，父母最好不要在多愁善感的孩子面前表现得过于惋惜、难过，避免孩子受到影响。当孩子表现出多愁善感时，父母最好的方法是转移其注意力，缓解孩子的痛苦情绪。

"我喜欢思考问题"

心理学家认为，3~6岁的孩子已经拥有了一定的生活常识与知识经验，他们不再单纯地依赖于成人的指导，而是表现出自主思维的意愿，他们常常会说："让我自己想想看。"同时，他们喜欢分享自己思维的成果，希望获得别人的认可。

　　思考是孩子认识世界的根本途径之一，父母在平时生活中要注意鼓励孩子善于发现问题，鼓励孩子提出问题，对那些不喜欢提问的孩子，应注意丰富他们的知识，引导他们观察事物，还可以提出一些问题去问他们，启发他们去思考。

　　对稍微大一些的孩子，父母应引导他们对自己看到、听到、感受到的事物，进行分析、比较，找出事物的异同，并按照一些共同的本质，去进行初步的概括、分类。比如，在一些实物中，找出哪些东西是玩具、哪些东西是家具、哪些东西是用具等。

　　家里的哥哥总让人感觉不太对劲，他总会想很多事情。比如给他一个苹果，他拿了苹果就开始吃，而家里的妹妹总是拿了苹果要先看看奶奶，让奶奶咬一口，然后看看妈妈，让妈妈也咬一口，然后才开始自己吃。这使人觉得哥哥这样做表现得很自私，为什么不能与他人分享自己的苹果呢？从小就这样，长大了说不定更自私呢。

　　而且，正在读三年级的他总是喜欢给老师提问题。本来提问题是一件好事，但孩子在提问时就好像是找老师的茬儿，让老师感觉很不舒服，爸爸批评他时，他也总要反驳一下。真不知道孩子是怎么了，小小年纪就有许多奇怪的思想。

　　有的孩子喜欢思考，总喜欢向老师提各种问题；有的孩子心里即便知道老师说错了，也不会与老师说什么，更不会向老师提出来。前者是思考型孩子，后者是情感型孩子。思考型孩子崇尚逻辑、公平和公正，喜欢客观地分析问题，自然地发现缺点，有吹毛求疵的倾向。他们有时甚至被看成无情、麻木、漠不关心，他们认为只有合乎逻辑的事情才是正确的。

不同倾向的孩子的行为方式大不一样，思考型的孩子按照原则办事，比如上面案例中的孩子就比较明显，他拿了苹果就吃，是因为他觉得这个苹果是给我吃的，那么我就自己吃，为什么要给奶奶和妈妈吃呢？

同时，在语言表达上，思考型孩子常常会说"为什么这样做？""为什么让我做？"语言是带有挑衅的。所以他们的提问看起来像是在找茬儿。不过，喜欢思考是他们的天生优势，父母需要做的就是去观察和发现孩子的优势，不断地强化运用孩子的优势，适时地提升弱势的不足，而不是批评、指责，更不能去泯灭孩子的天性。

小贴士

那么，对于喜欢思考的孩子，父母该如何引导呢？

1.引导孩子在生活中积极思考

3~6岁的孩子，对抽象的理论不容易理解。所以，对这样的孩子，父母仅仅说教是不行的，父母要创造思考的环境，开展一些健康、有益的活动，在活动中启发孩子积极思考，比如搞一些家庭数学游戏、家庭猜谜活动、家庭智力游戏等，将数学、智力题融入活动之中。

2.循序渐进

假如孩子不喜欢思考，那父母对这样的孩子不可提出太高的要求，而要根据孩子的实际情况，从最直接、最容易思考的问题入手，如让孩子比较两个东西的异同，然后慢慢增加难度，让孩子通过自己的思考解决问题。

3.保留思维空白

父母要解放孩子的头脑，让他们自己思考，恰当地保留思维空白。只要是孩子能够自己思考的，父母就要做到"欲言又止"，讲究"空白"艺术，就可以达到"此时无声胜有声"的效果。让孩子自主思索，对知识理解得更深更透，能够培养孩子良好的思维品质。

4.让孩子享受成功的喜悦

尽管孩子只赢得细小的进步，父母也不要忽略，需要及时地给予他们肯定，热情地鼓励。父母在平时生活中需要有意识地创造有利于孩子思考的环境，让家里充满求知的气氛，通过积极的亲子互动，自然而然地促进孩子养成喜欢思考的好习惯。

5.以丰富的感性经验和情感体验做铺垫

父母要以孩子丰富的感性经验和情感体验做铺垫，激活他们的自主思维。孩子的具体形象思维占据优势，头脑中有了丰富的鲜活表象，他们就可以进行知识的迁移，运用已有的知识进行积极有效的思考。

6.培养孩子喜欢思考的兴趣

兴趣是最好的老师，假如孩子对某件事情有着浓厚的兴趣，就会集中思想和注意力，他们会想方设法克服种种困难来达到自己的目的。即便孩子喜欢思考，但父母若不加以引导，孩子有一天也会对思考失去兴趣。父母是孩子的启蒙老师，对孩子的影响是比较大的。所以，父母要以自己的情绪和行为去感染和影响孩子，用自己对周围事物的态度和情趣去影响孩子。同时，父母可以经常给孩子提一些问题，激发孩子求知的欲望，引导孩子积极思考，解决问题。

第 09 章

读懂学习行为，引导孩子克服厌学症

适龄孩子到了上学的年纪，他们便会从散漫玩耍的状态进入到规律的学习状态中。在这个过程中，孩子们会出现各种不适应，甚至会出现轻微的厌学症。在这时，父母要积极引导孩子的学习行为，帮助孩子克服厌学症。

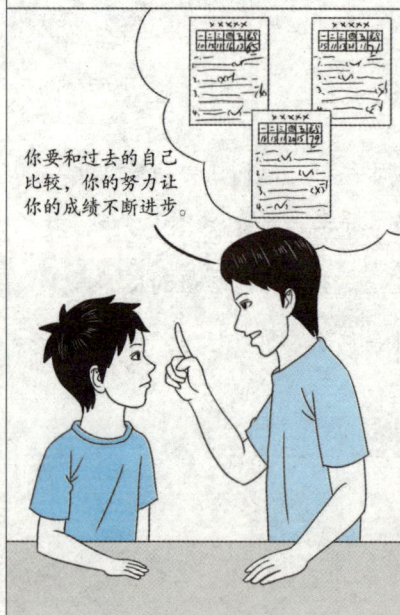

幼儿园到小学的过渡期

许多孩子刚上小学时都会信心十足，带着幼儿园的"小明星"这样的称号走入小学，在他们看来，自己这些荣耀会一直跟随着自己，因此，一旦自己在小学受了冷落，就会产生厌学情绪。幼儿园对于每一个孩子来说都是美好的时光，在那里，每个老师所负责的学生有限，他们会轻易地发现每一个孩子的特长，孩子也会受到相应的赞赏、重视，这无疑给了孩子很大的成就感、快乐感。但是，进入小学后，随着班级人数增多，老师对学生的关注度相对于孩子在幼儿园时期可能会有所下降。所以，孩子在小学感觉到"受挫"，这是很正常的。

父母应该告诉孩子，老师需要花一段时间才能发现他的优点，让孩子放下过去在幼儿园所获得的成绩，争做一名合格的小学生。另外，在生活方面，父母要给予孩子帮助，帮助其脱离幼儿园的习惯，有意识地培养其独立意识和安全意识，以及一定的学习能力。

小贴士

1.放松孩子紧张的心理

小学一年级孩子正处于以游戏为主的幼儿园生活到小学的学习生活的过渡时期，一些孩子由于在入学前准备得不够充分，以致出现了入学恐慌症。有的孩子因为压力大，晚上休息得不好，容易出现身体疾病，比如发烧、腹泻。因此，在这一阶段，父母要和孩子多沟通，积极引导孩子的心理，可以经常赞扬"我们的小主人回来了""今天以前的老师打电话说祝你成为一名小学生"等，让他觉得当一名小学生是一件光荣的事情，放松他们的紧张心理，具备一个良好的心态。

2.培养孩子的独立意识和安全意识

孩子进入小学了，意味着离开了家庭，开始有一定的独立生活，为了消除孩子的紧张心理，父母应该培养孩子的生活自理能力，教导他们自己的事情自己做。在幼稚园孩子习惯了凡事都是老师做，但现在父母可以教导孩子自己去做一些事情，比如刷牙、洗脸、大小便、穿衣服、收拾书包等；同时，父母还需要教会孩子简单的劳动，比如扫地、抹桌子；还有学习工具的使用，比如如何使用剪刀、糨糊、削笔刀等。

另外，父母还应该向孩子灌输一些安全知识，必须让他懂得并遵守交通规则，诸如简单的"红灯停，绿灯行"，在斑马线内才可以穿越马路，还需要明白"过马路，左右看，不能

在路上跑和玩"，如果迷路了要找警察叔叔而不是跟着陌生人走。还要让孩子记住自己和父母的姓名、家庭住址、门牌号，家庭电话和父母工作单位等，以备不时之需。父母还需要教育孩子不玩火、不去拨弄电源开关、不拉扯电线，不去建筑工地玩，没有父母带领不可以去游泳玩水等，以免酿成事故。这些必要的安全知识一定要让孩子知道，以防万一。

3.引导孩子产生正面情绪

也许，孩子在放学之后会抱怨"不喜欢上学""不喜欢学校"，这时候，父母要尽量从正面引导孩子的情绪，尽量让上学这件事与快乐的情绪联系在一起。孩子每天放学后，你可以询问孩子"今天开不开心？""今天又有什么好玩的？""今天老师表扬你了吗？"等，父母一定要注意孩子情绪的引导问题，父母应站在老师学校这一边，肯定学校、肯定老师，冷静、客观地分析孩子所说的问题症结在哪里，适当地与老师沟通，消减孩子的厌学情绪，以更利于孩子的学习。

玩耍是孩子重要的学习方式

如今，社会上越来越流行一个新词汇，那就是"玩中学"，以前绝大多数父母认为娱乐和学习是矛盾的，但现在却把两者结合起来，增加了学习的趣味性，减少了学习带来的枯燥感，这样也更易于孩子接受新知识。"玩中学"就是指孩子在玩耍中、娱乐中进行学习，既能让孩子玩得尽兴，同时还能让孩子学习新的知识。

小童刚刚上小学一年级，是一个个性很强，很倔强，但又很胆小的孩子。由于一个月前做了阑尾手术，小童不能上学，在家休息了两周。身体恢复后，小童刚回到学校上学，没几天就不愿意去了，总是在家里玩。一跟他提上学的事情，他的情绪马上就变得消极起来，饭也不想吃，谁也不理睬。

问他为什么不喜欢上学，他说："姐姐告诉我，你不要长大，长大了很苦很苦的，要上学，要考试，考得不好还要被爸爸打！"

有的父母总是忙着给孩子报各种补习班，尤其是在假期的时候，父母更是把一周的时间排得满满的：周一语文，周二数学，周三英语，周四美术，周五舞蹈，周六钢琴，周日总复习。这样的做法对于孩子来说，简直就是被关在了密不透风的"牢笼"里，学习的压力压得他们快喘不过气来。

爱玩是孩子的天性，如果父母压抑了孩子的天性，就会挫伤他们对学习的热情。怎样让孩子既能快乐地放松又能学到新知识呢？这就需要父母为孩子安排科学的学习计划，让孩子在玩中学，学中玩。

如果孩子在玩耍中学到了新的知识，那么他们会把这些印象深刻的新知识牢牢地记住。当然，无论是玩中学还是学中玩，父母应该积极引导孩子学习更多新的知识，而不是纯粹地

玩耍，否则就有点本末倒置了，也起不到良好的效果。

小贴士

1.以孩子的兴趣为主

父母要以孩子的兴趣为主，征询孩子的意见。有的孩子想学画画，他认为画画就是很有趣的事情，那么父母就要给孩子留出画画的时间，这样孩子就会对绘画中的线条、颜色敏感起来；有的孩子喜欢学游泳，父母应尽量安排时间去陪伴孩子，并且相应地把游泳中的安全知识告诉孩子。父母不要让孩子去做他自己并不想做的事情，让孩子去学不想学的东西，这样只会浪费时间和金钱，起不到效果。

2.寓教于乐

在课余时间，需要预习新的知识，这时候就需要父母帮助孩子把课本上那些枯燥的知识转变成有趣的生活知识。比如，一些实验只需要用生活中简单的工具就能解释出"火山爆发"和"浮力"的原理。这样，孩子先把结论记住了，父母再讲原理就好懂多了。孩子在"寓教于乐"中体验到了乐趣，就会增加学习兴趣。

3.通过游戏学习

另外，父母也可以带着孩子一起参加"环保嘉年华"这样的活动，里面设置了"森林警察""净化土地""天鹅回来""环保超人"等寓教于乐的互动游戏，最适合父母带着孩子参加。游戏对于孩子来说是很大的诱惑，而且孩子还能在游戏的过程中不知不觉学习新的知识，这也是做父母的最大心愿。

4.生活中有趣的知识

在假期或者周末，父母也可以带着孩子出门玩。一方面，这可以让孩子放松心情，开阔视野，另一方面，这也可以让孩子在玩耍中学到更多有趣的生活知识。比如，一家人出去玩，妈妈可以让爸爸先走，过了三十分钟妈妈再和孩子一起走，在路上，妈妈就可以出一道数学应用题了。这样一来学习和生活是紧密相连的，孩子就会乐于去开动脑筋得出答案了。比如，妈妈带着孩子一起过马路的时候，马路上车很多，一辆挨着一辆，妈妈就可以让孩子用一个词语来形容这景象，妈妈也可以小心提示"车水马龙"，并解释这个词语的意思，这时候孩子身临其境，就会记住一个新词汇。有的孩子有许多小汽车这样的玩具，爸爸可以和孩子一起玩这个游戏，并且不失时机地告诉孩子一些交通方面的安全知识。

引导孩子正确对待学习中的挫折

父母会时刻关注孩子的学习情况，有时候，孩子可能在某一方面的学习成绩有所下降，父母就会把全部重心集中到那一方面的学习上。比如，孩子的数学成绩下降了，父母就会让

孩子在一定的阶段内天天学数学；有的父母不会科学地安排学习计划，在周末或者假期的时候，可能会安排出这样的学习计划"周一数学，周二语文"，让孩子一整天都在学习某一科。

豆豆上了小学二年级之后，英语成绩有所下滑，许多简单的单词老是记不住，几次小测验下来分数都很低，英语老师还反映说豆豆经常在课上看课外书。林妈妈很着急，有点生气地告诉豆豆："以后不准把课外书带到学校去，另外每天写完作业就记英语单词。"豆豆担心自己的英语成绩上不去了，心里也满是焦虑，再加上妈妈带来的压力，他现在几乎看着英语单词都头晕。

有一次，英语老师听写英语单词，豆豆连最简单的"妈妈"这个单词都拼写错了，林妈妈知道了这件事情，整个人都处在焦虑之中。她急忙托同事找了个英语家教，每天下午五点到晚上七点两个小时补习英语。豆豆看到这样的阵势，脸上马上出现了不悦的神情。

其实，孩子的注意力还是比较分散的，而且，长时间地学习一门功课，所起到的学习效果并不明显。另外，时间太长了，孩子也会觉得枯燥，不自觉地就会抱怨"又是数学啊""天天写这个，我都写烦了"，孩子的耐性是有限的，他们在不情愿的情况下学习，所获得的学习效果也会很差。所以，父母在为孩子安排学习计划时要讲究科学性，不要一门学科学到底，应该学会让孩子交替学习。

父母都有这样的感觉，孩子在小时候就喜欢学学玩玩，每次都要在父母监督下才能做完作业。实际上，这就是因为孩子们没有足够的耐性，而且注意力比较分散。虽然孩子进入了小学，但这样的情况还是会出现，只不过会有所好转。鉴于孩子这样的特点，父母就要让孩子各门功课交替学习，而不是一门功课学到底。交替学习的方法符合孩子的特性，也能够收到良好的效果。

小贴士

1.每一门功课的学习时间不宜过长

父母要科学地为孩子安排学习时间，每一门功课的学习时间不宜过长。比如，有的父母习惯以一天作为孩子的某门功课的学习时间，这就太长了。往往到了下午，孩子就没有耐心再学下去了。父母可以参考学校所列出的课程表，在一上午不安排重复的课程，这样让孩子在每一节课都能保持注意力。父母在周末或者假期为孩子制订学习计划的时候，也要合理安排学习的时间，在学习主科的同时也可以穿插一些音乐欣赏或者绘画之类的环节，一方面可以让孩子的大脑得到短暂的休息，另一方面还可以减少学习的枯燥感。

2.各门功课交替学习

为了让孩子保持一定的注意力，父母可以利用各门功课

的差异性来交替学习，这样可以有效地锻炼孩子的思维方式，也能让孩子的学习获得明显的效果。比如，父母可以让孩子在上午学习语文，余下的时间可以听听音乐；下午的时候学习数学，余下的时间里可以画画。上午和下午这两门运用全然不同思维的功课，会使孩子觉得有一定的新鲜感。

孩子的分数恐惧症

成功的人生就是一个好的目标体系，当目标完全融入生活的时候，人生目标的达成就只剩下时间的问题了。尤其是处于学习阶段的孩子，父母更应该帮助其制定一些属于他们的目标。

露露已经上小学二年级了，尽管她每天都会按时上学、放学、写作业。不过，成绩却是不尽如人意。她好像已经习惯了及格的分数，再也不想往上努力。爸妈看到露露这样的情况很是着急，经常会问："露露，难道你永远考这么少的分数吗？"露露毫不在意地回答："那你觉得呢？要不，我去哪里偷点分数来？"

对此，爸爸妈妈觉得露露这样的学习态度真是没什么希望了。

几乎每一位父母都关心孩子的学习，希望孩子能全方面地学习，但有的父母却不得要领，事必躬亲，却见不了成效。实际上，父母作为孩子的领航者，应该帮助孩子制订可行的学习计划，以兴趣作为孩子最好的老师，让孩子在愉快中学习。

另外，在施行学习计划的过程中，还需要注意几个问题。孩子在完成作业的时候，需要有时间概念，不能一道题就做了很久；尽量不要在孩子的学习时间打扰到他们；帮助孩子不要受到各方面的干扰，比如不要在书桌上放一些玩具和零食；刚开始的时候，父母可以监督和指导孩子的学习情况，渐渐地就要有意识地培养孩子的自觉性，培养孩子独立写作业的习惯。

小贴士

1.制订可行的学习计划

面对孩子的学习问题，有的父母觉得孩子还小，没有必要拟定什么学习计划，任他们自由发展就行了。虽然在现实生活中，绝大多数孩子都有在父母帮助下制订的学习计划，但却往往不能成功地施行。主要原因在于他们的学习计划不合理，不是太空泛，就是太具体。

有的父母制订的学习计划太空泛了，没有可施行的操作性，所以，学习计划根本没有发挥出它应有的作用；有的家长制订的学习计划太具体了，甚至具体到几点几分做什么，孩子不是士兵，他们根本不可能这么严格地完成，结果慢了半拍就会使其他部分受到影响，最终整个计划都无法完成。因此，合理可行的学习计划应该是"长计划、短安排"，合理支配孩子的时间，不能让孩子感受到太忙碌，也不能太放松，能让孩子

"玩得痛快，学得踏实"，这样的一个学习计划由父母与孩子一起制订最好。

2.制定合理的学习目标

也许，许多父母都认为孩子在小学一年级应该取得优异的成绩，诸如科科都是一百分，这在大人看来并不是一件难事。但是，并不是任何一个孩子都会认为小学一年级的课程相当简单，有的孩子也会感到一些难度。父母应该为孩子制定合理的学习目标，而不是强行地要求"你必须考到一百分"，这样孩子就会感到很大的压力，只有几岁的孩子也会不由自主地担心"要是我没有考到一百分怎么办"，这样的忧虑心理将直接影响他的学习，也会使他产生一种厌烦情绪。父母应该让孩子明白，只要你比上一次进步就好多了，这样来勉励孩子不断地进步。

3.养成良好的学习习惯

良好的学习习惯对于成功地完成一个学习计划是必不可少的，父母可以和孩子一起制订一个作息时间表，以此保证孩子每天都能有充足的睡眠。另外，孩子在小学学习中表现出的最大的缺点就是注意力不集中，父母也可以有意识地培养孩子的专注力。时间由短到长，可以先从孩子比较感兴趣的事情开始训练；父母可以通过讲故事，吸引孩子的注意力，并通过提问来集中孩子的注意力；在生活中，父母可以请孩子帮忙拿一些东西，由一件到多件，请孩子一次性完成，比如"请你帮我拿一个梨子、两个苹果、一把水果刀和一些牙签"。

第 10 章

学习亲子行为，拉近与孩子的心理距离

　　在一段亲子关系中，"亲"与"子"两者都应该受到教育。前面我们已经尝试教会父母分析儿童行为背后的心理需求，本章我们试图分析儿童问题行为产生的家庭原因。父母应该通过亲子行为，促进亲子关系，从而拉近与孩子的心理距离。

不让父爱缺失，避免"丧偶式育儿"

在孩子的成长过程中，3岁前，母亲对孩子的作用更重要，而父亲在3岁后开始发挥作用。3~5岁是成长中的"恋母情结"和"恋父情结"阶段。在这个阶段，异性父母需要操很多的心，比如爸爸需要给予女儿足够的亲近来满足"性依恋"的心灵需要，鼓励孩子与父母相处，营造和谐的家庭氛围。

通常父母对女孩的异性交往会操心一些，而下面案例中小樱与异性的交往行为有些异常，这确实令父母担忧。从性心理的发展阶段来看，3~5岁的孩子在与异性交往中确定了自己的性别，6~12岁是性潜伏期，这一阶段前半期的特点是喜欢与异性交往和接触；后半期表现为排斥异性，只跟同性玩。下列案例中的小樱处于喜欢与异性交往的阶段，她的行为只是显示出其热情活泼的性格，这与父母眼里带性意识的亲热是不一样的。

小樱已经8岁多，正在上小学三年级，妈妈和爸爸从结婚到小樱5岁之前一直都是两地分居，那时候大概一个星期小樱才可以和爸爸相处一天。5岁之后，由于爸爸工作忙的原因，父女俩很少见面。

小樱的班主任向妈妈反映，孩子在学校里很喜欢男老师，有时候会玩得很疯，偶尔还会和那些男老师抱在一起，也非常喜欢和男同学一起玩。对于女同学，她则有些冷淡，不太喜欢与女同学一起玩。妈妈觉得这是小樱从小缺乏父爱造成的，现在该如何引导和开导小樱呢？

假如在孩子的成长过程中父亲经常缺席，那孩子在3~5岁时性依恋的满足是不够的，不过这不能完全决定孩子的性心理发展。假如父母用成年人带着性意识的眼光去看待孩子与异性的交往，这是不恰当的。

在父亲缺席的情况下，怎么样引导孩子的性心理健康发展呢？心理学家给予了这样一些建议。

小贴士

1.加强父亲在孩子心里的位置

假如父亲工作确实比较忙，缺席了孩子的成长过程，那母亲则需要加强父亲在孩子心里的位置，比如在家里醒目的位置挂上父亲以及一家人的亲密照片，多与孩子说父亲的故事、父亲的优秀、父亲对他的思念和爱，等等。

2.让孩子与父亲定期联系

假如父亲远在外地，母亲需要想办法让孩子与父亲定期地联系。即便孩子还不会说话，也要引导孩子与父亲定期联系，比如打电话时引导孩子，"跟爸爸说再见""给爸爸一个飞吻"，让孩子明白还有爸爸在经常关心自己。

3.让孩子多接触家里其他的年长男性

假如父亲不经常回家，母亲可以让家里另外一个年长男性与女儿接触，比如舅舅、爷爷等，以此让男性的典范不因父亲的缺席而缺少。

4.不要强化孩子的行为

母亲不要强调孩子的行为是不正确或有问题的，假如给予孩子这样的判断，其实就是强化了孩子抱男老师的性意识，孩子就可能朝着母亲担心的方向发展。母亲对这个问题可以适当引导，对孩子说："听说你今天与男老师玩得很开心，你们都玩了些什么啊？这个老师是不是特别和蔼，你喜欢和他玩吗？"当孩子告诉你答案之后，母亲可以赞赏孩子是一个活泼开朗的孩子，所有人都喜欢和她一起玩。

父母吵架，受伤的总是孩子

许多教育专家都在强调，家庭对于孩子教育的重要性，作为构成家庭主要成员的父母，更是担负着家庭教育这样的重担。其中，为孩子营造一个和谐的家庭环境成为了家庭教育的重中之重。家庭是孩子日常生活中最理想的港湾，它是遮风挡雨的寓所，也是孕育希望和放飞理想的土地。一个和谐的家庭环境，可以帮助孩子忘却疲劳、紧张和烦恼，这时候家庭就是孩子前进的加油站。孩子会在一个和谐的家庭环境里获得生机与活力，在父母那里获取信心和勇气。因此，父母要做好孩子的优秀表率，首先就要营造和谐的家庭环境。

和谐的家庭环境，心理学家是这样概括的：家庭成员之间配合得非常默契，心往一处想，劲往一处使。在这样和谐的家庭环境中成长的孩子，他们没有心理上的压迫，各方面都能够得到健康的发展。

家庭是孩子成长的第一环境，孩子未来的精神风貌来自和谐家庭的教育。如果孩子处于和谐家庭环境中，他就会表现得精神振奋、性格开朗、活泼乐观，浑身充满了自信；反之，如果孩子处于一个压抑的家庭氛围中，他就会表现得性格内向、缺乏热情、感情脆弱，有可能还会产生严重的心理障碍，出现抑郁症等心理疾病，这时候，父母与孩子之间也会形成思想上的代沟与隔阂。

吃过晚饭，妈妈和爸爸两人商量在哪家过年，妈妈一边夹菜一边笑着说："昨天外婆就打电话来说，让我们早点回去，可以让孩子看一下过年杀猪，他还从来没有见过哩。"爸爸叹了一口气："每年都在你家过，啥时候回咱们那个老家啊。""这不为了孩子嘛，你们家隔得远，回去一趟不方便，都累得人仰马翻，谁还有心情玩啊。"妈妈辩解道，爸爸把刚拿起的筷子又放下了："可昨天爷爷也打电话给我说，今年无论如何得回家过年，爷爷这么大年纪，我们都两年没有在家过年了，他们也想念孩子。""我说你这人怎么这样啊，不是说好今年春节在外婆家过吗，我都跟外婆说好

了，到暑假再让孩子去爷爷家玩吧。"妈妈有点不耐烦了。"什么时候说好了，我同意了吗？"爸爸也提高了声音。

于是，在你一句我一句的争执中，两人吵了起来。孩子有点害怕地看着爸爸妈妈，小声喊道："爸爸妈妈，你们别吵了。"可是，正吵得厉害的两人哪听得进孩子的话，一个比一个声音大。爸爸把门一摔，出去了，妈妈委屈地流下了眼泪。

生活在什么样的家庭，就会带给孩子什么样的发展。那些在缺乏和谐的家庭中成长的孩子，如果他们的身心得不到健康的发展，就会继而影响到他们未来一生的生活。据调查，那些不够和谐的家庭很容易造成孩子的畸形发展。为孩子营造和谐的家庭环境，是父母的首要任务。

小贴士

1.父母应互相谦让和谐相处

若一个家庭吵架不断，父母之间也不能互相宽容，常常因为一件小事就争吵，甚至动手打架，孩子处于这样的环境中，就会感到烦躁，时间长了，孩子的性格也会被烙下不良印记。所以，父母就应该互相谦让，和谐相处，一家人感情融洽，互相尊重，这样和谐的家庭环境才能让孩子感到舒心，促进孩子健康成长。并且，父母的行为影响到孩子，让他懂得关心别人、尊重别人。父母之间需要和谐相处，避免矛盾，减少争执，让孩子有一个和谐温暖的家庭。

2.和孩子做朋友

父母要多站在孩子的角度来考虑问题，体会他们那个年龄阶段下的心态，这样就可以进行和谐的沟通。有的父母认为孩子很小，擅自剥夺了孩子的权利，其实，这时候，父母要做到家庭成员人人平等，创造出一种民主的家庭氛围，少一些专制。当父母言行失当的时候，也要虚心接受孩子的建议。如果孩子做错了事情，父母则要耐心诱导，不要急躁，也不要对孩子发脾气。为了孩子的健康成长，父母应营造和谐的家庭环境，对孩子多一丝微笑与鼓励，多一些夸奖。

3.为孩子创造温暖舒适的环境

不管父母的经济条件如何，都要努力为孩子创造温暖舒适的家庭环境。家庭环境的舒适并不需要贫富来区别，而需要由内而外的温暖与舒适。贫穷的父母，只要多打理也能创造出一个良好的环境；富裕的父母，不仅仅是给孩子提供良好的物质条件，更需要把心的温暖带给孩子。

4.父母应该多给孩子一些关爱

来自父母的关怀能够激发孩子对生活的信心和热爱，父母应该多给孩子一些关爱。但是，这样的关爱并不是没有节制地溺爱，而是有原则地关爱，重点放在孩子的学习和生活上。虽然，今天的孩子不愁吃穿，但他们仍需要生活上的关心以及学习上的关注。尤其是当孩子遭遇了挫折和失败的时候，更应该让孩子感受到父母的爱。

父母教育观念不一致

父母对孩子的教育观念不统一，这对孩子的心理发展是极为不利的。当父母双方难以达成统一的教育思想，二人的教育就会同时被弱化，这样会让孩子感到无所适从，也会混乱了孩子的是非判断标准。孩子小时候不知道该听谁的，长大后却可能谁的都不听了，他已经厌倦了那种不同教育思想的争执，这样的孩子做事就会患得患失，犹豫不决。

另外，父母教育观念不一致还极有可能让孩子形成一些不良的行为习惯，因为有可能父母二人的教育方式都是有所欠缺的，比如溺爱与棍棒教育，这样的孩子面对两种不同的教育方式，可能就会沾染上一些不良的行为习惯，继而影响他的一生。

妈妈在学习上也很注意引导孩子，从小就教导孩子要知礼仪。在老师的建议下，孩子很小就学了《三字经》《弟子规》等传统经典，是个出了名的乖孩子。无论做事还是说话，都透露着大人的影子，在老师和同学眼里，他也绝对算是一个既聪明懂事又会学习的好孩子。

可是，爸爸却不同意妈妈的这一教育方式，他据理力争："这样做事墨守成规是不可取的，应该培养孩子创新的能力。"于是，爸爸鼓励孩子要多坚持自己的想法，千万不能随波逐流，要有创新精神，即使被老师批评了也没有关系。爸爸和妈妈因为教育思想产生了冲突，两个人经常争论，有时候还会发生争吵。

心理学家认为，在家庭里，教育孩子是父母的共同责任，但是，在教育孩子的问题上，一旦父母间存在着分歧的意见，就会经常出现种种矛盾，这样的矛盾还会影响父母在孩子心中的形象。父母之间如果存在着教育分歧，并常常把这样的分歧暴露在孩子面前，就很容易损伤父母的权威性，继而影响父母的教育效果。

小贴士

1.父母要"统一战线"

在日常生活中，父母会在孩子的教育上有意见分歧，这时候，双方都认为自己教育孩子的方法是对的，而对方那种教育方法是错误的。从这种"自以为是"的心理出发，每次在需要教育孩子的时候，父母常常因为看不惯对方的做法而产生争执。这样，就会让孩子在观念上产生混乱，是非价值判断混乱，不明白自己到底该怎么做。而且，父母教育思想的长期不一致，就会互相指责，继而发生争吵，这样会影响两人之间的感情，也给孩子心理带来不良的影响。所以，父母要统一教育思想，两人可以通过商量的方式来沟通，尽量使彼此的意见达成一致性。

2.多涉猎一些教育方面的知识

教育孩子是一门学问，对孩子的教育是父母共同的责任。而孩子身心健康的成长需要和谐的家庭教育，不能光靠父亲或母亲一方的教育，而是需要父母二人的共同教育。当父母在教

育孩子的时候，态度要统一，口径要一致，互相商量，对一些不懂的地方，要善于向教育专家请教，或者学习一些儿童心理学、教育学和生理学方面的知识。父母在教育孩子的问题上，之所以会出现那么多的问题，重要原因之一就是缺乏科学的认识。所以，父母要想教育好孩子，就要学一些科学方面的知识，懂得科学的教育方法。

3.切忌当着孩子的面为教育分歧而争吵

父母对孩子的教育意见不一致的时候，不要当着孩子的面批评另一方，这样会让对方感觉丢面子，容易发生争吵，而且被批评的那一方在孩子心中的形象会受到影响进而削减了教育力度。这时候，父母双方都要学会克制自己的情绪，先避开孩子，两人共同协商出一个最好的解决办法。若在教育孩子的过程中，由于父母的教育方法不当而伤害了孩子，则需要父母向孩子真诚地道歉。

4.让孩子自己选择

当父母的教育思想不一致的时候，还可以听听孩子的感受，让孩子做出选择。当然，让孩子自己选择，并不是把矛盾推给孩子，而是通过孩子的选择，避免分歧的教育。另外，让孩子选择，主要是为了判断哪些教育是能够成功地在孩子身上实施的，因为不管你的教育思想是否先进，它唯一的目的就是让孩子能够接受。一些教育方法很可能在孩子身上是没有效果的，而且孩子个性特点不相同，他所能接受的教育方式就有所差别。当然，并不是说孩子的选择就是正确的，而是父母应尽可能地从孩子的角度出发，协商出适合孩子特点、利于孩子健康成长的教育方式。

棍棒教育正在"毁掉"孩子

苏联教育学家苏霍姆林斯基曾经这样说过："不用理智、温柔的良言善语，用皮带抽和打耳光，如同对雕塑对象不用雕刻家的精巧雕刀，而动用了生锈的斧头。"父母对孩子的教育过程中，有无数的夸奖，就有必要的惩罚，但是，对孩子的惩罚必须是建立在爱的基础之上，而不是动用盲目的惩罚方式。

在孩子的成长过程中，错误会伴随他的每一个脚印，这是不可避免的。若父母能够正确地运用惩罚，帮助孩子认识到自己的错误，不仅能促进孩子的身心健康，还能够培养出孩子良好的学习习惯和生活习惯。这样，孩子会明白父母的惩罚是因为爱，也能够理解或者认可这样的方式，他也会改正错误，变得越来越乖巧与懂事。

回家路上，爸爸收到了一条老师发来的短信："这次考试的试卷已经发下来了，希望各位家长引导孩子纠错。"后面还附上了孩子的各科考试成绩，爸爸觉得很纳闷，昨天自己还问孩子最近考试没有，当时他可是一个劲儿地摇头，这是怎么回事呢？

晚上回到家，爸爸问了一句："宝贝，不是到期中了吗？学校考试没有呢？""没有，老师说取消期中考试了。"孩子低着头，听了这话，爸爸有点生气了：明明给了你承认错误的机会，谁想这孩子还是不肯承认。"那怎么你们老师发了成绩的信息呢？"爸爸厉声问道，孩子惊讶地抬头，知道事情败露了，他更不知道说什么好了。"把试卷拿来给爸爸看看，快去。"爸爸生气地吩咐，孩子拿来了卷子，爸爸看着那试卷上的分数，赫然发现本来英语78的分数变成了88，爸爸拿出自己的手机翻看了一下，确认本来成绩就是78。

爸爸瞪着孩子，知道他偷偷修改了分数，爸爸顺手拾起手边的衣架就开始打孩子，一边打一边骂："狗崽子，让你成绩不好！成绩不好还知道骗人了，好的不学，偏学那不好的，我今天非打死你不可……"

然而，在中国的传统观念里，孩子是父母的财富，更是父母的私有产品，大多数父母认为打骂孩子是天经地义的事情。孩子有时候会不听话、贪玩、说错话、做错事或者学习成绩不好，父母就对孩子进行打骂、体罚等。传统的教育思想里盛行着"棍棒之下出孝子"等错误观念。在这样的传统观念之下，父母面对孩子的错误就进行了一系列的体罚，事后他们还能够找理由说服孩子："打你是因为爱你。"其实，对于聪明活泼的孩子来说，体罚带来的危害与影响是异常严重的。每一年都有因体罚事件而酿成的生命惨剧，这值得每一位父母深思。

体罚教育是一种无能的教育，根本无法解决问题，它只会强化孩子的记忆。体罚的粗暴方式也造成了父母与孩子之间的隔阂，另外，体罚还容易造成孩子孤僻的性格，导致他们形成自卑、胆怯等不良心理品质。如果孩子长期处于体罚的压力中，他就会心生反抗，无论父母说什么，孩子都不会顺着父母的意愿去做，反而处处与父母作对，导致教育的难度更大。所以，父母应该摒弃体罚的观念，以爱心和耐心来引导孩子走出错误的泥潭，促进孩子身心健康发展。

小贴士

1.呵护孩子的自尊心

随着孩子年龄的增加，他们的一个重要的心理特征就会越来越明显，那就是他们的自尊心越来越强。而父母的体罚很容易让孩子的自尊心受到严重的打击，有的孩子在长期的体罚之下，变得越来越"皮"，这其实就是孩子自暴自弃的心理状态。因此，看着孩子一天天大了，父母需要做的是呵护孩子的自尊心，即便面对孩子的错误，也要正确引导，千万不要采取体罚的方式。

2.多一点爱心，多一点耐心

孩子对这个世界充满着好奇心，因而在他们成长的路上免不了会犯一些错误，父母要对孩子的过错给予理解，并做好充分的心理准备。面对孩子的错误，父母要多一点爱心，多一

点耐心，尊重孩子，理解孩子，赢得孩子的信任，与孩子做朋友。同时，父母在教育孩子时要让孩子意识到自己错误的原因与后果，给孩子一个重新改正的机会。这样，孩子一旦认识到自己的错误，就会接受父母的批评和帮助，也会体会到父母的爱。

3.面对孩子的无心之过，冷静处理

大多数时候，孩子犯错是无心的，在孩子的思想里，他不明白自己错在哪里。这时候，父母不应该随便发火，而要明确地告诉孩子，这样做是不对的。父母应该引导孩子如何正确地行为，既让孩子受到表面的"批评"，也让孩子体会到父母内心的"爱"。时间长了，孩子就会明白在自己不知道该怎么去做的时候，最好是向父母请教，这样就减少了犯错的可能。

4.采用"事不过三"的惩罚原则

父母在教育孩子的过程中，惩罚是必不可少的一种方式，但它和体罚却是完全不同的。如果孩子做了错误的事情，父母可以采用"事不过三"的惩罚原则。当孩子第一次犯错时，父母可以温和地告诉他错在哪里，所引起的严重后果是什么；第二次犯错，父母应该严厉地批评，再一次警告，耐心教导；第三次再犯错，就应该让孩子受到相应的惩罚了，并且惩罚要说到做到，不要让孩子存在侥幸心理。这样，让孩子知道，同一个错误不能犯两次，让孩子养成主动认错、自我反省的习惯。

参考文献

[1] 林正文. 儿童行为的塑造与矫正[M]. 北京：北京师范大学出版社，1998.

[2] 李群锋. 儿童行为心理学[M]. 苏州：古吴轩出版社，2016.

[3] 梁培勇. 儿童偏差行为[M]. 北京：首都师范大学出版社，2016.

[4] 牧之. 儿童行为心理学[M]. 北京：台海出版社，2017.